U0153760

風險管理
全視角與案例學習，神速掌握重點

宋明哲 博士 著

風險管理一本通，圖解助你不只一臂之力

五南圖書出版公司 印行

序言

　　這本書是拙著圖解教材系列的第二本，第一本的《圖解保險學》由於深受讀者喜愛，這才讓我有勇氣寫第二本。風險管理發展至今，愈來愈受大家重視，國際標準近年來也隨著時空的改變，而有所修訂。例如：COSO 標準 2017 修訂版。各國政府在監督企業經營活動上，也漸拿風險管理問責說事，這讓老闆們更須比以往留意風險管理。本書分兩部分撰寫，首先是全視角的理論知識，讓讀者先奠定理論基礎。嗣後，才寫第二部分案例學習。這樣撰寫是希望讓讀者能獲得理論與實務相乘的效果。最後，書中任何謬誤處，請各高明方家不吝指正。

宋明哲 PhD, ARM

謹識於頭份

2019.08.08 父親節

目錄

Appendix 附錄 **215**

理論知識篇

本篇的三個大目標：

- ☑ 掌握全視角風險管理的基本要點
- ☑ 認識公私部門間風險管理的大同小異
- ☑ 讀完本篇後就能套用在自己或組織身上

Chapter 1

風險管理的必要性

我們都知道，人類為了生存，天生就有趨吉避凶的本能，把這種應對危險情境的本能，科學化、系統化就是本書要介紹的風險管理（Risk Management）。

1. 風險管理是個人安全的保障

安不安全？是每個人對風險可不可接受的主觀判斷，也就是每個人對所謂安全的看法是不一致的。對個人來說，最重要的安全就是有健康的身體，有財務的保證。過去人們習慣採零散式的想法與做法。但這想法與做法不是，那麼有系統且科學性強。譬如說，身體要健康，就重運動保養，財務要有保證就要懂理財，這樣應對健康風險與財務風險足矣。迷思就在這種想法欠完整，有安全漏洞而不自覺。重運動，不保證不生病，重理財，不保證不賠。這種迷思，懂系統化的風險管理就可破解，進而提升個人的安全保障。

2. 風險管理是企業戰略競爭利器

大家都清楚，企業經營本就有一堆風險，老闆應最清楚風險在哪，與如何管理。事實可能不盡然。通常老闆會將未來風險可能導致的預期損失，事先計入產品成本，做法對，但存在迷思。老闆可能只知交易成本[1]（例如：營利事業所得稅），但忽略未來實際損失與預期損失間的波動，這波動才是要面對的風險，這風險的管理成本，事先考慮在經營成本中，固然會增加成本，但同時也會帶來效益，長期來說，是值得的，也才有競爭力，不把這風險管理成本考慮在經營成本中，短期看似獲利但風險事件萬一發生，獲利成泡沫，股價應聲下跌，長期競爭力就極弱。懂科學化、系統化的風險管理，就可事先計算風險管理的成本，改變公司資本與風險結構，長期競爭力增強。畢竟企業追求永續經營，短期獲利固可喜，但非長久之計。

3. 風險管理能提升國家社會福祉

國家社會的風險治理，已成各國政府重視的課題。聯合國 OECD （Organization for Economic Cooperation and Development）已提出風險基礎的公共政策與制定預算的概念，政府會計審計以風險為基礎也已然成為共識。這些目的均是在營造更好的風險治理環境，提升公共價值，照顧民眾福祉。

---

1 依據財務理論觀點，沒有交易成本存在，就無須管理風險。

1-1 人類應對危險情境的本能——科學化與系統化後，就是風險管理

1-2 風險管理是企業戰略競爭利器——風險事件發生，股價跌，但跌幅愈小，企業愈有生存機會

01 | 風險管理極差或無的公司　　　　　　　　　跌幅 大

02 | 風險管理中度的公司　　　中等 跌幅

03 | 風險管理極 成熟的公司　跌幅 小

股價跌幅

005

按經濟學原理，資源有效的合理分配，可提升生產者與消費者剩餘，從而增加社會福利，政府施政懂科學化、系統化的風險管理，可使資源預算分配合理化，提升國家社會福祉。綜合以上說明，在當代的風險社會[2]，無論是個人、企業、政府與國家社會懂科學化、系統化的風險管理均有必要。風險管理雖非萬能，但如今沒有風險管理萬萬不能。

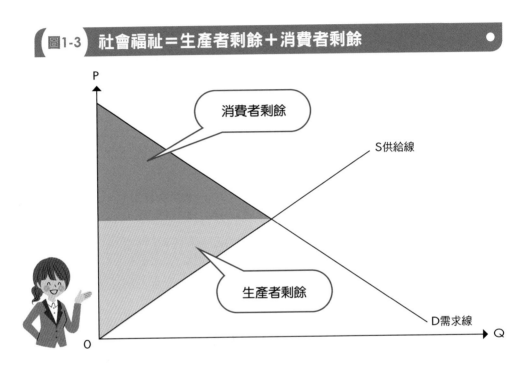

圖1-3 社會福祉＝生產者剩餘＋消費者剩餘

話險為疑

❶ 你（妳）認為要多安全才算安全？
❷ 風險管理對企業競爭為何重要？
❸ 風險管理對國家社會福祉為何必要？

---

2 德國著名社會學家貝克（Beck, U.）冠稱現代社會為風險社會。

Chapter 2

多元的風險理論

2-1 風險理論三大流派

2-1 風險理論三大流派

　　風險概念由來已久，有其一套理論，但對其核心要素，各學科領域間，有爭論，也就形成不同的流派。這主要分成三大流派：一個是客觀風險理論學派，這流派過去是主流且獨霸風險學術領域；另一個是主觀風險理論學派，也是風險心理理論學派；最後的學派是風險建構理論（The Construction Theory of Risk）學派，這是 1980 年代後，興起的新興學派。這三大流派間，對風險理論的三項核心要素，也就是如何衡量不確定？不確定的後果包括哪些？風險的真實性（Reality）如何？各有不同看法。

1. 客觀風險理論

　　客觀風險理論主要見諸於經濟財務、保險精算、安全工程、毒物流行病學等領域。現實主義、價值中立、理性假設與實證論是其基本主張與哲學基礎。對風險的計算，在此，採用這些領域間，較有共識的數學公式表達如後。

$$R=Var=\sum Pi\,(Xi-\mu)^2 \quad 而\ \mu=EV=\sum PiXi \quad i=1\cdots\cdots n$$

　　未來的預期值（EV：Expected Value）μ，是指損失期望值，它是測量風險的基本概念。此外，這學派以單一面向看待風險，風險（R：Risk）指的是損失的變異（Var：Variance），強調客觀機率或機會概念。其次，客觀風險理論在管理風險上，著重探討三項基本問題：第一個基本問題是，有什麼風險存在？第二個基本問題是，風險有多大？第三個問題是，應如何管理風險？這學派過去是主流且獨霸風險學術領域。

2. 風險的心理理論

　　風險心理理論即主觀風險理論，同樣採用實證論，但採用有限理性[1]（Bounded Rationality）假設。其次，風險心理理論對風險的看法，採多元面向，也就是會包括心理對風險的感知（Perception）層面。最後，風險心理理論雖也採現實主義哲學，但不太堅持價值中立，有時會採涉及價值的觀點。另一方面，問題建構方式與客觀風險理論相同，不同的是，著重主觀風險測量及與參考點（Reference Point）比較後的「損失」概念，與風險態度及行為改變的問題。

1　有限理性概念，也就是非完全理性，隱含感性概念，這套概念首先由 Simon,H.A. 提出。

3. 風險的建構理論

風險的建構理論採後實證論為哲學基礎,見諸於社會學、文化人類學、哲學等學科領域,採相對主義,問題建構方式完全與前兩種理論不同,主要是探討風險如何由社會文化條件決定的過程,主張風險是群生(指團體成員的相互預期)價值概念。該理論又可分成風險的文化建構理論、風險統治理論與風險社會理論。

圖2-1 現代風險理論的三大流派

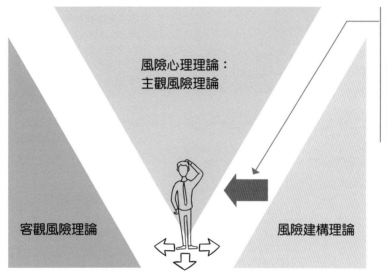

風險心理理論:
主觀風險理論

客觀風險理論

風險建構理論

社會文化因子透過人腦思考系統中的可得性捷思(屬於人的直覺思考之一,即腦海容易浮現)影響主觀風險。

表2-1 三大理論的內容要點

風險理論	基本尺規	理論假設	作用
客觀風險理論:保險、經濟財務、安全工程等	預期值,預期效用	損失均勻分配,偏好可累積	講求風險分攤,講求資源分配
風險心理理論	主觀預期效用	偏好可累積	講求個人風險行為
風險建構理論中的風險的文化建構理論	價值分享	社會文化相對主義	講求風險的文化認同

圖2-2 **風險冰山全貌：群生價值的風險概念與機會的風險概念之融合**

風險冰山圖

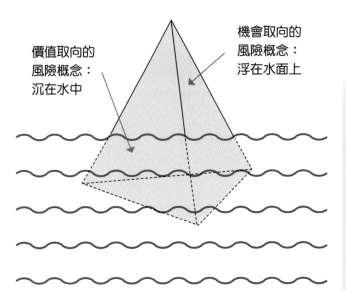

價值取向的
風險概念：
沉在水中

機會取向的
風險概念：
浮在水面上

吾人觀察風險時，應思考風險的實質面、財務面與人文面，因此，風險全貌是立體的三角錐，缺一面都易造成風險評估不完整。其次，水面下是隱形群生價值，用來決定選擇或拒絕某種風險，選擇了某風險，就須以機會概念評估其大小。如此，就融合了三大風險學派的觀點。

話險為疑

1. 機率從 0% 到 5% 與機率從 60% 到 65%，你（妳）的感受會相同嗎？

2. 人云亦云，讓你很擔心明天會出事，這主要與你腦海浮現恐怖情境有關，但客觀上並無實據的現象，可稱風險的建構（參閱圖 2-1 右邊文字的說明）。請你舉一個生活中的實例。

Chapter 3

風險與風險管理的涵義

　　吃飯、買股票、創業投資、開車、買房、唱 KTV、制定政府政策等等日常生活或商業活動或政府施政，均隱藏著各類風險（Risk）。風險既可以是機會，也可以是個威脅，拜科學與現代科技之賜，產生了現代科學與有系統的跨領域交叉學科——風險管理（Risk Management）。然而，不同領域的專業人士對「風險」一詞，各有其慣用的內涵與定義，因此，任何團體組織機構在管理風險前，如無法使用統一的風險語言與概念，將不利於內部風險管理的推展。

1. 風險的定義

　　寬鬆的說，「風險」一詞，就是指未來任何的不確定性，過去傳統上對其後果較偏向負面的理解。根據最新 COSO[1]（2017 版）的定義，風險是指事項發生並影響戰略和商業目標實現的可能性。本書則改定義為：風險係指未來任何影響目標實現的不確定性。這兩種定義大同小異，目標自然包括戰略與商業目標，本書定義中保留不確定性的詞彙，主要是不確定性是風險概念的要素，而且 COSO 定義中的事項發生的可能性只是表達不確定性方式的一種罷了。

　　不論採哪種，本書與 COSO 的定義，對影響目標的後果均含括正負面的概念，這與過去有別。這樣定義風險的話，管理風險時，就有個較明確的範圍，不直接影響目標的風險，可暫時不用投入太多資源，雖然它也會因風險間的互動，間接影響目標，例如：政治風險。組織團體機構可依其特性，使用不同的風險定義。例如：如果是環保企業，那麼可將風險定義成：風險就是未來任何影響永續發展目標的不確定性。再如，如果是銀行業，則可定義成：風險就是未來任何影響金融價值目標的不確定性。

2. 與風險相關的名詞

　　就傳統風險管理領域，與風險概念相關的名詞有：風險源（Risk Sources）或稱危險因素（Hazard）、風險事件（Risk Event）或稱危險事故（Peril）與損失（Loss）。

(1) 風險源指可能造成損失或獲利減少（正面的後果，但不如預期）的任何因素，又可分為因非故意疏失的心理風險源，如不小心按錯開關導致失火等；故意疏失的道德風險源，如想辦法詐領公款等；物質／實質風險源，如易燃建材

---

1 COSO 見 UNIT 4-1。

與經濟結構改變等。

(2) 風險事件是造成損失或獲利減少的直接原因，如車禍、利率降低等。

(3) 損失是不可預期的經濟價值的減少。風險事件發生則導致損失，損失可分為直接的與間接的兩種，例如：廠房失火，廠房毀損就是直接的，因廠房毀損導致廠主須重建廠房的費用以及可能引發的責任訴訟費用，都是間接損失。

圖3-1　風險與時間

不確定的成分隨著時間變少

確定的成分隨著時間變多

0　　　　　　　　　　　　　　　　　　　　　　　　　　　　　　1
現在時點　　　　　　　　　　　　　　　　　　　　　　　　未來時點

以現在時點看，未來任何事物均含不確定的成分，所以說我們生活中，都有風險，但隨著時間，同樣事物所面臨的不確定成分，則會變少，確定的成分，則增加。

學校沒教的風險管理潛規則

Risk 的根源

　　十七世紀中期，英文的世界裡才出現 Risk 這個字。它的字源是法文 Risque，解釋為航行於危崖間。航行於危崖間的「危崖」是個不安全的情境。法文 Risque 的字源是義大利文 Risicare，解釋為膽敢，再追溯源頭則從希臘文 Risa 而來。膽敢有動詞的意味且含機會的概念。膽敢實根植於人類固有的冒險性，如前所提，航行於危崖間，亦可視為冒險行為，冒險意謂有獲利的機會。這個固有的冒險性。造就了現代的 Risk Management。

圖3-2 　風險鏈

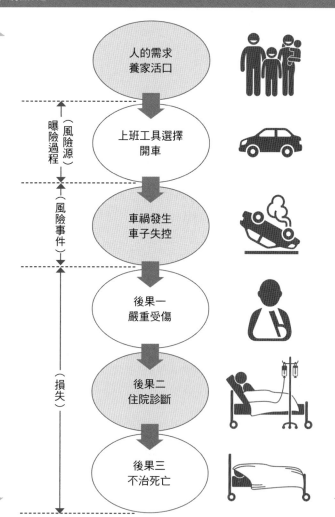

❶ 參考圖 3-2，以出國為例，畫風險鏈？

❷ 極端氣候下人類可能面臨哪些風險？請上網看《水世界》
　（Waterworld）這部電影。

❸ 不懂法律是風險源嗎？為何？

組織為了應對或回應風險，管理上有必要做風險的分類，常見的包括：

1. 依可能的後果區分

風險可分為純風險（Pure Risk）與投機風險（Speculative Risk）。

(1) 純風險指的是只有受損後果可能的風險，或稱危害風險（Hazard Risk），典型者，如火災、地震、摔機、傷病等。

(2) 投機風險是指有獲利可能，也有受損後果可能的風險，或稱財務風險（Financial Risk），典型者，如投資股票、人民幣換台幣的匯率波動等。

2. 依起因與損失波及的範圍區分

風險可分為系統風險（Systemic Risk）（類似保險領域所稱的基本風險）與非系統風險（Non-Systemic Risk）（類似保險領域所稱的特定風險）。

(1) 系統風險又稱不可分散的風險，其起因是來自體制環境、市場環境、生態、社會、經濟、文化與政治環境的變動，其損失波及的範圍，是社會群體，典型者，如政黨輪替與地球暖化可能引發的風險。

(2) 非系統風險又稱可分散的風險，其起因可歸諸特定對象，其損失波及的範圍，可局限在特定範圍或個體，典型者，如車禍或火災風險。

3. 依全面性風險管理（EWRM ／ ERM：Enterprise-Wide Risk Management）架構下區分

風險可分戰略／策略風險（Strategic Risk）、財務風險（Financial Risk）、作業／操作風險（Operational Risk）與危害風險（Hazard Risk）。

(1) 戰略／策略風險：企業組織或政府組織戰略／策略層次面臨的不確定性，例如：競爭風險，這類層次的風險無法完全採用傳統風險管理的做法。

(2) 財務風險：多屬於價格波動的風險，例如：股價、利率、匯率、房價、薪資等波動。

(3) 作業／操作風險：來自於管理過程、機制與人員疏失的風險，例如：開車超速、員工開錯發票等。

(4) 危害風險：危害健康與財產安全的風險，例如：火災、傳染病等風險。

4. 依曝險[1]的性質區分

風險可分為實質資產的風險、財務資產的風險、責任風險與人力資產的風

---

1 曝險並非損失。

險。

(1) 實質資產的風險係指不動產與非財務資產（例如：商譽、著作權等）可能遭受的風險。

(2) 財務資產的風險係指財務資產（例如：持有的債券、股票與期貨等）可能遭受的風險。

(3) 責任風險係指個人、公司、國家可能因法律上的侵權或違約，導致第三人蒙受損失的風險。

(4) 人力資產的風險係指人們因傷病死亡，導致公司生產力的衰退或個人家庭經濟不安定的風險。

圖3-3　風險類別

投機／財務風險

投機／財務風險

基本風險

純／危害風險

純／危害風險

基本風險

純／危害風險

投機／財務風險

基本風險

話險為疑

1. 判斷一下，手機的資安風險可歸屬於何類風險？請舉兩類。
2. 政黨輪替可歸於何類風險？
3. 機器人可能引發工作不保的風險，是何類風險？
4. 風險要分類，原因是什麼？
5. 沉迷網路可能面臨哪類風險？
6. 公司海外投資可能面臨哪類風險？

3-3 風險管理是什麼？

簡單來說，掌控未來不確定性的一種管理過程，就是風險管理（Risk Management）。例如：打算創業開公司，充滿不確定因素，萬一賠怎辦？萬一人員物料趕不上出貨時程怎辦？眾多的萬一就是風險，已事先想好怎麼辦，就是在做風險管理。其實企業管理就是風險管理，任何管理都會涉及風險，風險管理是跨領域整合性學科。

1. 風險管理的定義

具體地說，風險管理就是根據目標，認清自我，連結所有管理階層，辨識分析風險、評估風險、回應／應對風險、管控過程、評估績效，並在合理風險胃納（Risk Appetite）下完成目標的一連串循環管理的過程。COSO（2017版）則定義為：組織在創造、保持和實現價值的過程中，結合戰略制定和執行，賴以進行管理風險的文化、能力和實踐。更簡單來說，所有監控風險的循環管理過程就是風險管理，也就是全面性風險管理（ERM：Enterprise-Wide Risk Management）。其次，風險管理是以財務為導向的管理過程。從定義中，應該也很清楚所謂的安全管理（Safety Management）、危機管理（Crisis Management）、保險管理（Insurance Management）、營運持續計畫／管理（Business Continuity Plan ／ Management）均只是風險管理的一部分。此外，就公司企業而言，風險管理的目標是在提升公司價值（Corporate's Value），對政府機構而言，是在提升公共價值（Public Value）。從定義中，也應該很清楚風險管理主要階段過程就是辨識風險、評估風險、應對風險、評估績效。最後，留意過程中每一階段一定要涉及適當的風險溝通。

2. 風險管理的類別

風險管理按照誰管理風險，也就是依管理主體分，可分為個人、家庭、公司、政府機構、非營利組織、國家與國際組織等風險管理。也可進一步歸類成私部門風險管理與公部門風險管理。如按管理什麼風險分，可大致分為純風險管理與投機風險管理，或危害風險管理與財務／金融風險管理或進一步更加細分。如按如何管理，則可分回應式風險管理與預警式風險管理，或賽跑式風險管理與拔河式風險管理。

風險管理發展簡史

1. 1956 年正式出現風險管理詞彙。
2. 1960 年代保險風險管理興起,第一本風險管理雜誌在美國出版。
3. 1970 年代 RIMS(Risk and Insurance Management Society)學會成立,金融風險管理興起。
4. 1980 年代 SRA(Society for Risk Analysis)學會成立,公共風險管理興起。
5. 1990 年代 ERM 架構出現,VaR 工具出現,Basel 協定。
6. 2000 年代後 Solvency II,IFRSs 出現。

圖3-4 風險管理範圍的演變

風險管理範圍		金融風險管理 (財務風險)	全面性風險管理 (Enterprise Wide Risk Management, EWRM) (所有風險)
	保險風險管理 (可保風險)	傳統風險管理 (所有純風險)	
	1960年代	1970年代	1990年代　年代

圖3-5　風險管理與危機管理的不同

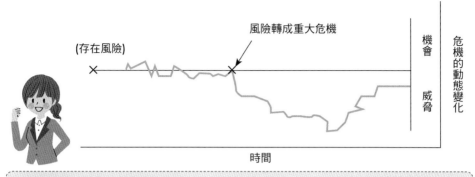

風險轉成重大危機

(存在風險)

機會　威脅

危機的動態變化

時間

1. 風險管理(RM)平時就要事先規劃。
2. 危機管理(CM)在發生危機期間啟動，若處理得宜，危機可能變成轉機，否則成為重大威脅。

圖3-6　風險管理與營運持續計畫／管理的不同

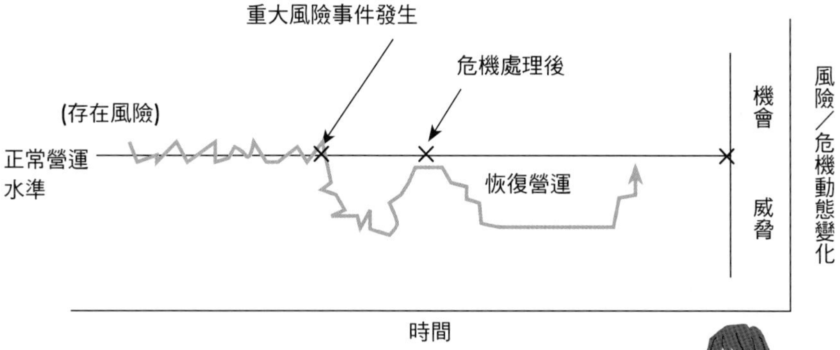

重大風險事件發生

危機處理後

(存在風險)

正常營運水準

恢復營運

機會　威脅

風險／危機動態變化

時間

1. 營運持續計畫／管理(BCM)以恢復企業復原力為目標。
2. 風險管理以提升企業價值為目標。
3. BCM與CM均是RM一部分。

話險為疑

1. 社區管理委員會會面臨何種風險？其風險管理要歸哪類風險管理？
2. 聯合國組織會面臨何種風險？其風險管理要歸哪類風險管理？
3. 保險管理等於風險管理對嗎？請說明對或錯的理由。

3-4 風險管理的基本過程

　　風險管理的基本過程就是辨識風險（Identifying Risk），評估風險（Assessing Risk），應對風險（Responding to Risk），評估績效（Monitoring）。最後，留意過程中每一階段一定要涉及適當的風險溝通（Risk Communication）。

1. 辨識風險

　　風險識別的方法很多，包括：

　　(1)SWOT 戰略分析法；(2) 制式表格法；(3) 風險列舉法，這又分為財務報表分析法與流程圖分析法；(4) 腦力激盪法；(5) 政策分析法；(6) 公聽會法；(7) 實地檢視法；(8) 其他。

2. 評估風險

　　管理風險，辨識風險後，知道每種風險有多高多大，是必要的。對戰略風險採戰略計畫評估，其他因風險性質不同，採用評估風險的科學也不同，例如：匯率風險評估，就需財經科學，健康風險評估需要醫學等。因此，風險評估階段，涉及各種科學的應用。前提及，風險管理是跨領域學科，在此階段可見一斑。評估風險，首重分析各種風險特質，數據不充分時，無需急著量化，可先質化判斷高低，或採半量化的風險點數公式評估風險的高低，待數據充分時，再採用 VaR（Value-at-Risk）模型測量風險值的高低。

3. 應對風險

　　知道每種風險有多高多大，還不夠，如何回應管理風險，才是風險管理的重點。應對風險的工具可分三大類：(1) 風險控制（Risk Control）；(2) 風險融資／理財（Risk Financing）；(3) 風險溝通／交流。傳統的說法，只有前兩類，1980 年代後，重風險態度行為改變的新興回應方式，那就是風險溝通。

　　風險控制指的是，能降低損失頻率與縮小損失幅度的任何軟硬體作為而言。例如：戰略風險控制的真實選擇權（Real Option），消防設施與改變管理流程等。

　　風險融資／理財是指為了彌補風險可能導致的損失所做的財務管理作為而言。它又可進一步細分為：(1) 衍生品；(2) 保險；(3) ART 商品。例如：購買火災保險、購買期權衍生品避險，或發行巨災債券對巨災損失融資等。

　　風險溝通則指風險訊息在各利害關係人間有目的的流通過程而言。風險溝通

以風險感知（Risk Perception）為基礎，影響人們風險感知的因素很多，其中人們對風險資訊的了解程度與對其後果的懼怕程度對風險感知影響明顯，其他風險感知者的特質、國家社會文化與媒體等也都會影響人們的風險感知。

4. 評估績效

　　任何管理均須評估其管理績效，風險管理當然不例外。此階段配合內部稽核與各類指標實施。各類指標，例如：「COR 與銷貨的比率」，RAROC 等。

圖3-7　戰略層與風險管理的融合

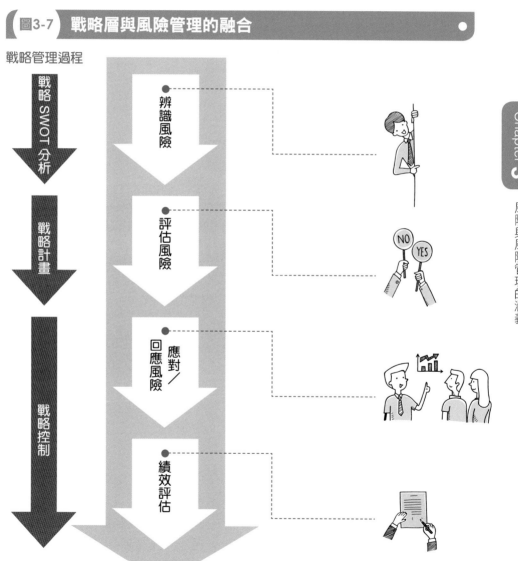

戰略管理過程

戰略 SWOT 分析

戰略計畫

戰略控制

辨識風險

評估風險

應對／回應風險

績效評估

圖3-8 應對／回應風險的工具

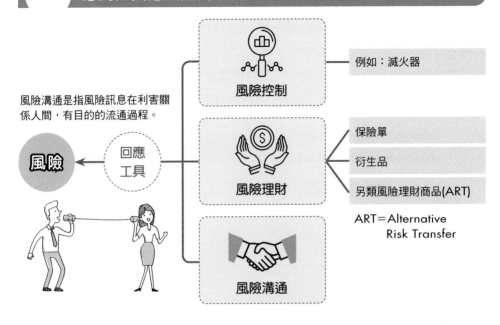

風險溝通是指風險訊息在利害關係人間,有目的的流通過程。

風險控制 → 例如:滅火器

風險理財 → 保險單
衍生品
另類風險理財商品(ART)

ART＝Alternative Risk Transfer

風險溝通

風險 ← 回應工具

圖3-9 另類風險融資／理財商品——台灣發行的巨災債券

巨災債券紀念郵票　　　　巨災債券發行說明書

話險為疑

1. 風險管理必須融入戰略管理中,為何?又戰略與戰術有何不同?
2. 為何風險管理的過程是循環性的?又為何風險溝通會涉及所有過程?

Chapter **4**

認識風險管理國際標準
與成熟指標

4-1 國際標準與成熟度

4-1 國際標準與成熟度

1. 風險管理國際標準

自 1983 年美國 RIMS（Risk and Insurance Management Society）頒布 101 條風險管理準則以來，國際上陸續出現各種風險管理標準。此處簡單介紹四種風險管理國際標準：

(1) ISO 31000：ISO 是國際標準組織英文 International Organization for Standardization 的縮寫。它主要由三部分構成：①原則；②架構；③過程。

(2) COSO 全面性風險管理標準：COSO 是美國贊助者委員會英文 The Committee of Sponsoring Organizations 的縮寫。2004 年 COSO 提出 ERM 架構，2017 年再改版全面性風險管理標準，並將風險管理提升至企業戰略層次與融入組織管理中，共五大要素與二十項原則，參閱圖 4-1。

(3) BSI 31100：BSI 是英國標準研究機構英文 British Standards Institution 的縮寫。該標準提供風險管理模式、架構、過程與執行的建議。

(4) FERMA 2002：FERMA 是歐盟風險管理協會聯合會英文 Federation of European Risk Management Associations 的縮寫。該標準含括四項要素：①要建立風險管理用語的一致性；②風險管理過程要確實能執行；③要有風險管理的組織架構；④要有風險管理的目標。

2. 風險管理成熟度指標

AON（全球知名的外商跨國性保險經紀公司）風險管理成熟度的十大指標（Risk Maturity Index）分別是：①董事會對風險管理理解與承諾的強度；②公司是否由專業有經驗的風險管理主管執行風險管理工作；③風險溝通／交流透明的程度；④風險管理文化是否優質；⑤是否善用內外部資訊資料識別風險；⑥利害關係人參與風險管理的程度；⑦公司治理與決策融合財務與業務資訊的程度；⑧風險管理與人力資源管理結合的程度；⑨風險管理價值的呈現是否善用資料；⑩善用風險間的取捨交換獲得價值的程度。

3. 風險管理的成熟模型

英國風險管理專業機構（IRM）提出風險管理的成熟模型，參閱圖 4-3。該模型表示，左下方區塊往右下方區塊移動，意即從不想做風險管理或沒能力做風險管理，改變成有意圖做風險管理但能力不足，是有待學習的新手。右下方區塊往右上方區塊移動，表示已有能力實施風險管理且成常態現象，並很想做好。右

上方區塊往左上方區塊移動，代表組織風險管理達到很成熟境界，完全融入組織經營管理中，所有成員的風險管理行為均渾然天成，無須外力刺激或要求。

圖4-1 COSO 的 ERM——風險管理融入整體戰略的表現

使命、願景及核心價值觀　　治理和文化

戰略發展　　戰略和目標設定

商業目標規劃　　績效

實施與績效　　審查和修訂

價值提升　　資訊、溝通和報告

認識風險管理國際標準與成熟指標

圖4-2 COSO2004 版 ERM 要素 vs.COSO2017 版 ERM 要素

COSO2004 版 ERM 要素
01 風險治理和文化
02 風險、戰略和目標設定
03 執行中的風險
04 風險資訊、溝通和報告
05 監控風險管理效果

COSO2017 版 ERM 要素
01 治理和文化
02 戰略和目標設定
03 績效
04 審閱和修訂
05 資訊、溝通和報告

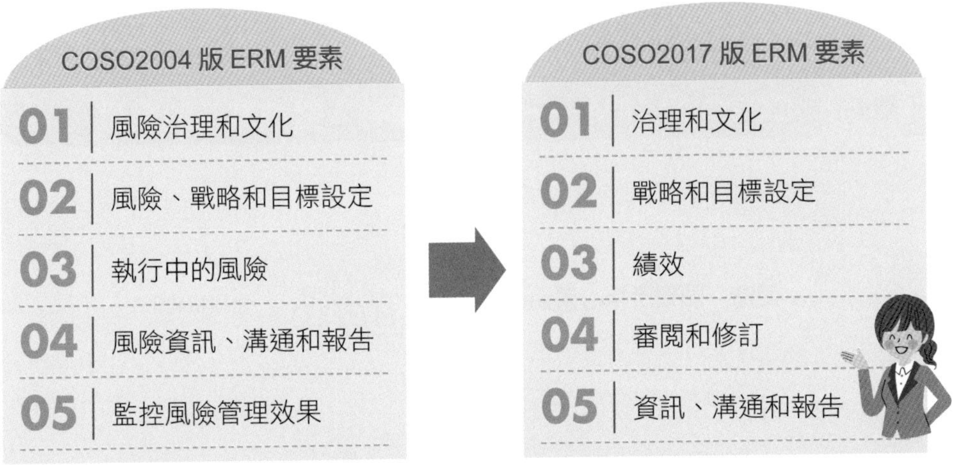

圖4-3 IRM 風險管理的成熟模型

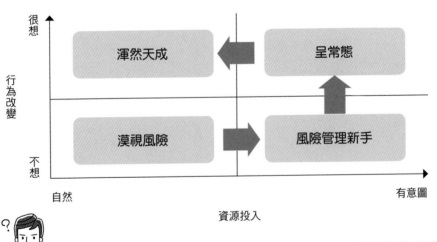

渾然天成　←　呈常態

漠視風險　→　風險管理新手

縱軸：行為改變（很想／不想）
橫軸：資源投入（自然／有意圖）

話險為疑

1. 董事會對風險管理理解與承諾的強度愈弱，代表內部風險管理機制愈容易推展？
2. 風險管理與人力資源管理結合的程度愈完善，人為疏失機率愈低嗎？

Chapter 5

風險管理的基礎建設

5-1 風險管理文化

本書所謂基礎建設，係指會影響風險管理實施過程品質的軟硬體要件而言。著者認為包括風險管理文化、風險管理資訊系統、風險管理組織、充分的數據庫與人員的風險管理能力等五大項。其中風險管理文化或簡稱風險文化，是風險管理成熟與否的首要條件，沒有優質的風險文化，任何風險管理的實施均徒勞無功。此外，此五大基礎建設均適用於公私部門的風險管理。

1. IRM 風險文化構面

英國風險管理專業研究機構 IRM（Institute of Risk Management）提出風險文化可由四大構面、八大指標加以觀察。四大構面包括高層的風險論調、組織團體的風險治理、組織團體的風險管理能力與風險管理決策。其中，高層的風險論調可透過兩項指標觀察，那就是風險領導力與處理負面消息的方式；組織團體的風險治理也有兩項指標，那就是責任與透明度；風險管理預算資源與風險管理技術則屬於組織團體風險管理能力的兩項指標；最後，明智合理的決策與報酬是風險管理決策的兩項指標。參閱圖 5-1。

2. IRM 優質的風險文化條件

英國風險管理專業研究機構（IRM）提出優質的風險文化應包括的條件如後：

第一、應該要有清楚且一致性的風險管理決策行為（冒險或保守）論調，這論調要普遍存在於最高層到組織的基層。

第二、倫理原則的制約應該能反應組織成員的倫理觀，同時也需考慮廣泛利害關係人的情況。

第三、對組織持續管理風險的重要性應該形成共識，這共識也包括明確的風險負責人與其負責的風險領域。

第四、在不用擔心被責難氛圍下，風險資訊與壞消息應能及時且透明地流通在組織所有各階層。

第五、組織應從風險事件或未遂事件的錯誤中記取教訓，且應鼓勵成員及時報告風險源與耳語散播的資訊。

第六、對已經很清楚的風險，組織無須大動干戈。

第七、應當鼓勵適當的冒險行為，處罰不適當的冒險行為。

第八、組織應提供資源，鼓勵風險管理技能與知識的訓練與發展，同時應重

視風險管理專業證照考試與外部專業機構提供的培訓。

第九、組織應有多元的觀點、價值與信念,以便能確保現狀並接受嚴酷挑
　　　戰。

第十、為了確保所有成員全力支持風險管理,組織文化要融入成員的工作與
　　　人力資源策略中。

3. 國際標準普爾(S&P)優質風險文化標準

　　該標準總共 16 項。例如:①風險管理與組織治理應完全緊密結合,並獲得
首長堅實的支持;②風險管理人員均應接受過風險管理的專業訓練且是專職;③
組織機構管理層應能完全了解風險評估的基礎與假設等等。

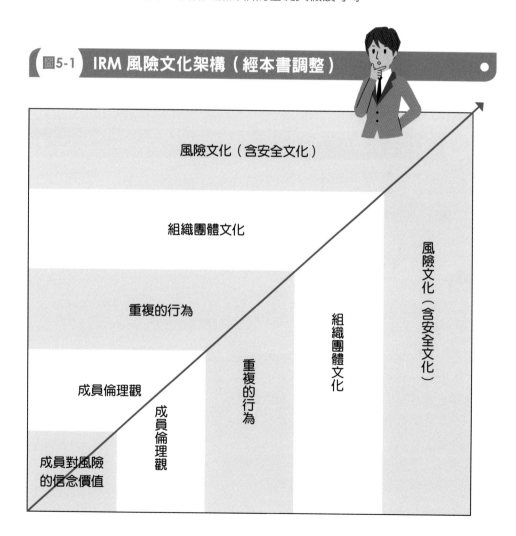

圖5-1 IRM 風險文化架構(經本書調整)

圖5-2　IRM 風險文化構面

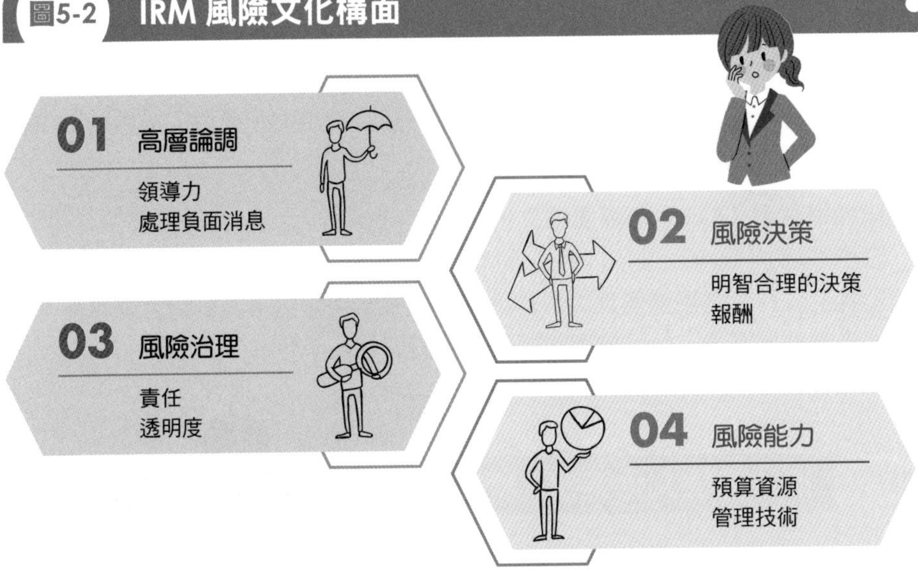

01 高層論調
領導力
處理負面消息

02 風險決策
明智合理的決策
報酬

03 風險治理
責任
透明度

04 風險能力
預算資源
管理技術

圖5-3　文化三要素

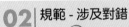
文化

01 信念 - 涉及真假

02 規範 - 涉及對錯

03 價值 - 涉及好壞

話險為疑

1. Enron 風暴主要起因是，Enron 風險文化中高階主管缺乏？
   a. 倫理　b. 能力
2. 甲公司今年工安災變頻繁，年終獎金照發。乙公司遭遇與甲公司相同，但年終獎金則後年再發。你認為哪家公司風險文化較優質？
   a. 甲　b. 乙
3. 甲公司實施風險管理是為了應付法令要求，乙公司是為了與同業競爭。你認為哪家公司風險文化較優質？
   a. 甲　b. 乙

5-2 風險管理資訊系統

　　風險管理要有安全、快速、可靠的資訊系統支撐，資訊科技（IT：Information Technology）系統的良窳與其安全的保護，對 ERM 是否成功而言，是極為重要的條件。因此，組織團體除要有良好且安全的資訊系統外，也需更重視建置極優也極安全的風險管理資訊系統（RMIS：Risk Management Information System）。

1. 風險管理資訊系統

　　RMIS 的目的有：

　　第一、提供風險管理成本分攤所需的資訊；

　　第二、便於風險預算書的編制；

　　第三、便於持續分析風險與損失記錄，了解公司未來損失趨勢，有助於各類風險理財方案與風險控制的規劃；

　　第四、可及時提供磋商談判的資訊；

　　第五、可及時滿足政府相關法令所需。

　　其次，風險管理資訊系統在架構上，應涵蓋應用面、資料面與技術面三部分。應用面應提供風險管理所需的相關功能。資料面應定義應用系統所需資料及存取介面，並考慮資料庫的建置與資料的完整性與精確性。技術面應定義系統運作之軟硬體環境並注意系統安全性。

2. 資訊安全

　　國際上資訊安全的標準，例如：ISO 27001，都是以風險為基礎，提供資訊安全上最完整的指引。IT 治理就是將公司治理的概念，應用到資訊安全管理中。資訊系統稽核與控制協會（ISACA：Information Systems Audit and Control Association）下的研究單位，IT 治理學會[1]（IT Governance Institute）已出版《沙賓奧斯雷法案 IT 控制目標》（*IT Control Objectives for Sarbanes-Oxley*）一書。該書旨在彌補營業風險，績效衡量，內部控制與技術議題間的缺口，強調資訊科技在資訊揭露與財務報告系統的設計與執行。其次，IT 治理的重要手段，是 CobiT（Control Objectives for Information and Related Technology）。CobiT 是由 ISACA 發展而成，幫助管理層在不可預測的 IT 環

---

1 網址：http://www.itgovernance.co.uk/ 與 http://www.itgi.org/.

境中，平衡風險與控制投資，同時，CobiT 也關注績效衡量、IT 控制、IT 自覺與標竿。CobiT 將 IT 過程分成四個階段，那就是資訊的計畫與組織，資訊的獲得與執行，資訊的傳輸與支援，與資訊的監督評估。參閱圖 5-4。

3. 資訊安全要素

  (1) 要建立資訊安全政策。

  (2) 要有資訊安全組織。

  (3) 要建置資訊軟硬體的記錄與資料庫所有人的目錄。

  (4) 資訊安全人員應負責任，確保系統的安全運作，並降低作業風險。

  (5) 注意電腦設備的實體安全防護。

  (6) 注意網路駭客與病毒的入侵，並採安全措施。

  (7) 注意進入系統密碼與終端機的安全管理。

  (8) 注意系統發展、測試與使用期間的隔離措施。

  (9) 注意營運持續計畫，重大危機管理與適當保險的安排。

  (10) 遵守資訊安全的相關法令，例如：資料保護法與電腦誤用法等。

話險為疑

1. 在網路時代，最大的風險是什麼？想想看。
2. 用手機付錢，變成無現金社會，再也不擔心有「第三隻手」（意即扒手），但可能存在何種新風險？
3. 資訊安全能做到絕對安全嗎？
4. 個人資訊如何防護？
5. 上網查查，資訊不安全有保險可購買嗎？
6. 上網查查，歐盟通用資料保護規則（EU general data protection regulation, GDPR）是什麼？

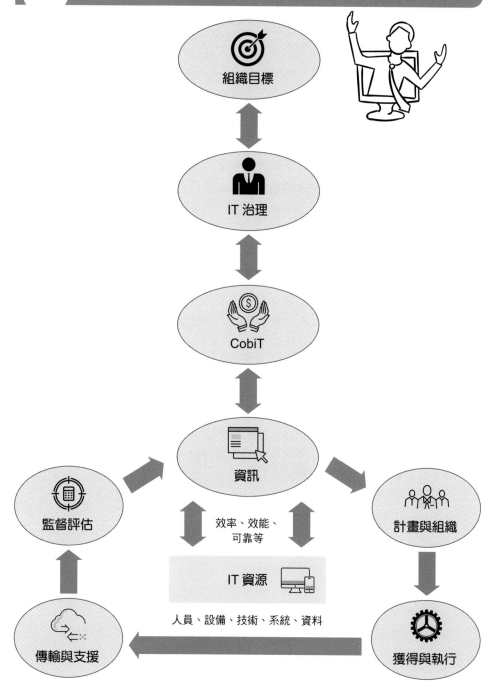

圖5-4 CobiT 架構

組織目標

IT 治理

CobiT

監督評估

資訊

計畫與組織

效率、效能、可靠等

IT 資源

人員、設備、技術、系統、資料

傳輸與支援

獲得與執行

Chapter **5**

風險管理的基礎建設

5-3 風險管理組織架構與職責

實施風險管理流程，要設置組織與配置人員去推動。組織的設置，可量身訂做，依各公司組織團體的需求，可以是龐大的組織體系，例如：跨國公司集團組織，也可以是簡單小型組織甚或單獨一人負責，例如：中小型公司組織團體或商店。此處說明一般具規模的公司組織團體的風險管理組織架構與一般職責。

1. 集中性或分散性組織

在組織團體架構中，風險管理單位集中單獨設置，抑或是分散至各分支機構或組織團體各部門內，主要視組織團體面臨的風險複雜度與風險間的互動程度而定。當風險簡單，易預測，但互動程度強時，宜集中單獨設置；當風險複雜，難預測，但互動程度弱時，宜分散設置。

2. 風險管理部門組織

過去，獨立設置的風險管理部門通常隸屬於財務系統，由組織團體最高財務負責人，也就是 CFO 兼管或指揮。現在由於組織治理與 ERM 的要求，獨立的風險管理部門由 CRO 掌管，其位階也提升，直屬董事會。其組織及人員可參考下頁圖 5-6。

3. 風險管理委員會的職責

風險管理終極責任在董事會或理事會，董事會或理事會須設置風險管理委員會，風險管理委員會主要職責有五：第一、擬訂風險管理政策、架構、組織功能，建立質化與量化的管理標準，定期向董事會提出報告並適時向董事會反應風險管理執行情形，提出必要的改善建議；第二、執行董事會風險管理決策，並定期檢視整體風險管理機制之發展、建置及執行效能；第三、協助與監督各部門進行風險管理活動；第四、視環境改變調整風險類別、風險限額配置與承擔方式；第五、協調風險管理功能跨部門的互動與溝通。

4. 風險管理部門的職責

組織團體風險管理部門的主要職責可分三大類：

第一類：負責日常風險之監控、衡量及評估等執行層面的事務且應獨立於業務單位外行使職權。

第二類：依業務種類執行下列職權：①協助擬訂並執行風險管理政策；②依據風險胃納（Risk Appetite）或稱風險容忍度（Risk Tolerance）（閱 Unit 7-2）

協助擬訂風險限額；③彙集各單位所提供的風險資訊，協調及溝通各單位以執行政策與限額；④定期提出風險管理相關報告；⑤定期監控各業務單位之風險限額及運用狀況；⑥協助進行壓力測試；⑦必要時進行回溯測試；⑧其他風險管理相關事項。

第三類：應董事會或風險管理委員會的授權，負責處理其他單位違反風險限額時之事宜。其次，各業務單位應在單位內設置負責風險管理業務的人員，執行單位間訊息的連結與傳遞單位主管負責所屬風險管理的執行與報告，實際執行日常風險管理相關業務。

圖5-5 風險管理流程與組織架構

戰略、風險管理政策與風險胃納─董事會風險管理委員會與總經理

風險溝通／交流

風險管理部門

實施風險管理各流程

戰略風險

財務風險

作業風險

危害風險

內部控制　　　　　　　　　　　　　　　　內外部審計稽核

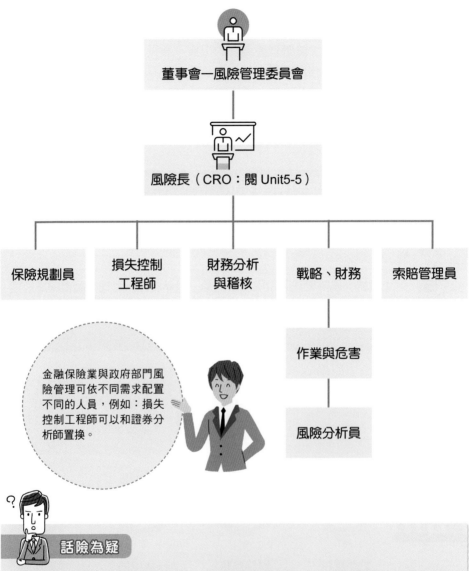

圖5-6　風險管理部門內部人員（科技製造業）

董事會—風險管理委員會

風險長（CRO：閱 Unit5-5）

保險規劃員

損失控制
工程師

財務分析
與稽核

戰略、財務

索賠管理員

作業與危害

風險分析員

金融保險業與政府部門風
險管理可依不同需求配置
不同的人員，例如：損失
控制工程師可以和證券分
析師置換。

話險為疑

❶ 行業別不同，風險結構不同，風險管理委員會不一定要設置，對嗎？請
依 ERM 的要求說明其必要性。

❷ 風險管理單位設置，要考慮什麼？想想看。

❸ 組織的董事會或理事會，負擔風險管理的終極責任，為何？

5-4 大數據與資料分析

　　建置資料數據庫與購置分析軟體，是另外極重要的基礎建設，這也與前提及的風險管理資訊系統有關。大數據（Big Data）出現後，數據資料的性質已產生變化，而且分析數據資料的工具也須應用不同於分析傳統數據資料的工具。此外，須購置各種分析軟體幫助決策，例如：資料與文字探勘軟體等。

1. 大數據與傳統數據的不同

　　(1) 量大：傳統數據比方成地球，那麼大數據就是宇宙且變化無限。

　　(2) 型態多元：傳統數據庫蒐集的是結構性資料（Structured Data），大數據庫不只結構性資料比傳統數據庫多，非結構性資料（Unstructured Data）儲存不但快且形態多樣，例如：影片語音。

　　(3) 時刻增加：量與形態時刻增加。

　　(4) 完整真實。

　　(5) 使用價值提升。

2. 大數據資料類型

　　資料科學對資料的分類，依不同的分類基礎，大數據資料庫可分四種：①結構型外部資料，例如：遠程資訊、財務資料、勞動統計等；②結構型內部資料，例如：保險保單資訊、賠款歷史記錄、客戶資料等；③非結構型外部資料，例如：媒體資訊、新聞報導、網路視頻等；④非結構型內部資料，例如：保險理算報告、客戶語音記錄、監控視頻等。

3. 資料科學與決策

　　藉由大數據資料庫可幫助風險管理決策，有兩種方式幫助決策：一種是描述性方式，這是針對特定問題的解決，例如：增加市場占有率，保險公司改變核保規則，大數據資料庫可提供非結構型內部資料幫助決策；另一種是預測性方式，例如：保險公司對汽車的自動承保作業，可借助電腦軟體中大數據提供的資料，做出決定，同時電腦軟體可在下次一再做自動承保的決定。

4. 大數據分析工具

　　大數據的資料分析方式可分監督式學習（Supervised Learning）與非監督式學習（Unsupervised Learning）兩種。前者是為解決某問題，測試資料組成模型的好壞，例如：個人汽車保險保費的決定。後者是分析某問題背後影響的變

數，例如：設計新產品利用社會網路資料尋找影響的變數。在發展模型前可使用探索性分析，了解資料的走勢與相關性。探索性分析後，須選擇採用何種適當的分析工具使產生的模型能吻合實況。這些分析工具有兩大類，一類是傳統資料分析工具：(1) 分類樹，類似決策樹，由結點、箭頭、葉結點組成；(2) 群聚分析，適用於非監督式學習方式；(3) 迴歸模型。另一類是新的資料分析工具：(1) 文本探勘或文字探勘，有別於資料探勘；(2) 社會網路分析，從網路上人們間的互動，探索其間的連結與關係；(3) 類神經網路分析，這分析技術由投入層、非線性隱藏層與產出層構成。

圖5-7 大數據分析工具

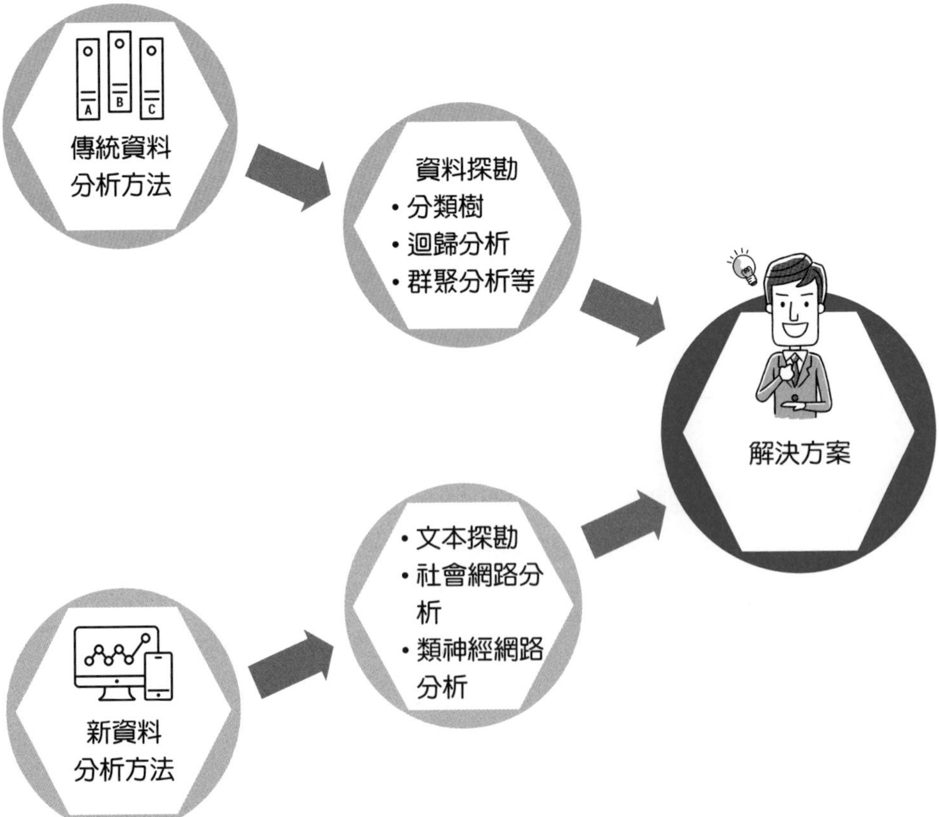

傳統資料
分析方法

資料探勘
・分類樹
・迴歸分析
・群聚分析等

文本探勘
・社會網路分析
・類神經網路分析

新資料
分析方法

解決方案

圖5-8 分類樹

分類樹是傳統資料探勘分析中常見的方法,屬於監督式資料探勘,主在處理類別型變數,比較分析其屬性,建立預測模型(可參閱坊間各類資料探勘教材)。

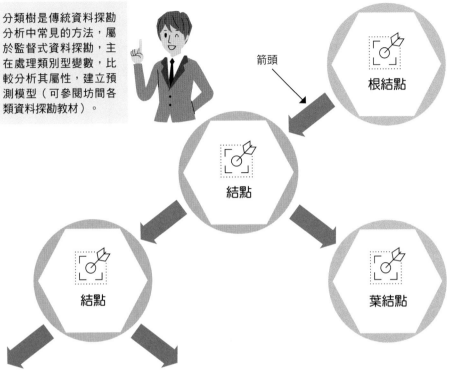

箭頭

根結點

結點

結點

葉結點

話險為疑

1. 互聯網與大數據科技正顛覆傳統生活,超透明社會最大風險是什麼?想想。

2. 機器人的發明對人類社會是福還是禍?想想。

3. 文字探勘的語意分析真能百分百偵測人類的內心世界嗎?想想。

5-5 人員的風險管理能力

有了前提及的四大基礎建設，組織團體如缺乏合適的風險管理人才管理風險，那麼一切都徒勞。人員具備專業的風險管理能力，是成功實施風險管理的重要條件。組織團體中風險管理領軍人物當推風險長（CRO：Chief Risk Officer）。此處以風險長為代表，說明人員該具備的風險管理能力。

1. 風險長的由來

從風險管理發展的歷史來看，組織內負責風險管理事務的人員，最早被冠稱為「風險經理」。但自 1970 年代，財務風險管理興起以來，負責銀行所有風險事務的風險長（CRO：Chief Risk Officer）新職稱，在金融業開始醞釀，初期不了了之，之後，在 1993 年，通用資本風險管理部門（GE Capital's Risk Management Unit），任命詹姆士・藍（James Lam）擔任 CRO，這是歷史上第一位 CRO。從此，在金融保險業與非金融保險業也陸續將負責所有風險事務的主管，更換稱呼為風險長。根據國際著名顧問公司麥肯錫（McKinsey）2008 年的一項調查顯示，保險業中有 CRO 職稱的公司比例占 43%，比 2002 年增加許多，其他產業，例如：能源產業（占 50%）、健康與金屬礦業（占 20%-25%）等。

2. 風險長的職責

以科技製造業為例，風險長的職責可包括：購買保險；辨認風險；風險控制；風險管理文件設計；風險管理教育訓練；確保滿足法令要求；規劃另類風險融資／理財方案；索賠管理；員工福利規劃。職責範圍由傳統的職責，已擴展到財務風險的避險（或謂套購）（Hedging）、公關與遊說工作。在風險管理愈受重視的潮流下，CRO 的功能角色，已提升至戰略發展[1]的層次。在可預見的未來，風險管理專業人員的職業生涯，是充滿挑戰性的，且可與執行長（CEO：Chief Executive Officer）及財務長（CFO：Chief Financial Officer）並駕齊驅。

3. 風險長應具備的能力與條件

從前面說明的風險長職責中，可知道風險長應具備的能力條件多元。具體而言，風險長應具備科技心人文情，畢竟風險管理是以財務為導向的交叉跨領域學科，風險長腦袋應能綜合各類知識，手腳多走動且能整合各方與溝通。合適的風

---

1 CRO 可扮演戰略控管者（Strategic Controller）與戰略顧問（Strategic Advisor）的角色。

險長要有穩重的性格，具備風險中立的態度（風險迴避態度可能會過於保守，尋求風險的態度可能會過於冒險）（可利用問卷測試風險態度）。其次，應擁有相關的專業證照（e.g. IRM、ARM、FRM 或安全工程師、精算師、證券分析師等）。風險長只懂風險數量模型，缺乏風險溝通能力，仍將一事無成。除了風險長以外，組織團體其他成員應透過在職訓練，使其具備基本的風險管理知識與技能。

圖5-9 CRO 的必備能力

要有穩重的性格，持風險中立的態度尤佳（過於保守不利於抓風險中的機會，過於冒險可能忽略風險的容忍）

腦袋知識

綜合安全技術與管理、保險、衍生品、財務管理、風險心理與溝通的各類基礎知識。建議讀一讀，與天爭鋒、黑天鵝效應、販賣恐懼、快思慢想等有益風險管理思維的書籍。

科技心人文情：會操作且能熟悉各類風險科技軟體，能整合各方，尋求風險管理實施的共識。

雙腳要多走動，進行交流溝通，不能只坐著，而不起而行。

圖5-10 國際風險管理證照

各先進國家都有風險管理證照考試,例如:英、美、澳、紐等國家。

irm 這是英國風險管理專業組織(IRM:Institute of Risk Management)徽章,專業證照分 FIRM、AIRM。

下圖是早期由美國保險專業組織 Insurance Institute of America 頒發的 ARM 證書。

現該考試改由 The Institutes 組織舉辦。

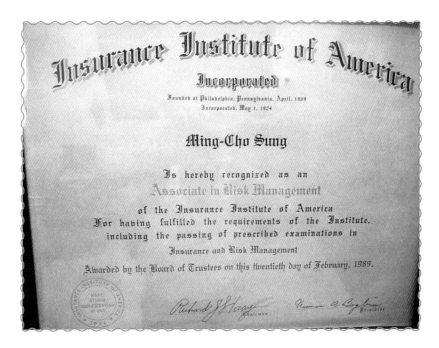

話險為疑

1. 外向又衝動的人,適合當風險長嗎?説明理由。
2. 管理風險只依賴數量模型就好嗎?説明理由。
3. 公司的守衛人員需不需要有風險管理知識?為何?
4. 想想,「人」是不是風險的最大來源?

風險管理的實施（一）：
戰略環境檢視

　　風險管理的實施，也要同時完善前章所提的五大基礎建設，基礎建設對實施流程的品質有顯著影響。成功的全面性風險管理重在知己知彼。知己就是要了解自我的能耐（屬於內部環境，包括自我的各類資源與條件），知彼就是要了解競爭對手與自我所處的大環境（屬於外部環境，包括政治、經濟、社會、文化環境等），如此才能為自我，量身打造合適的風險管理機制。其次，外部環境會影響內部環境，本章開始所說明的風險管理實施流程，均假設外部環境是常態（非黑天鵝）（閱 UNIT16-1）的環境。

1. 外部環境

　　政治環境檢視政治是否穩定。經濟環境檢視經濟成長、GDP、利率匯率等相關經濟政策。社會環境檢視社會人口統計變項與是否為高齡化社會。文化環境檢視各種文化類型與人民不同的世界觀。各類檢視的因子，除了是可能的風險來源外，也是提供 SWOT 分析擬訂戰略的重要依據。

2. 內部環境模型分析

　　常見的內部環境分析模型分別是：Galbraith 模型與 McKinsey 7S 模型。前者指組織內部的工作、結構、過程、薪酬與人員均會不同；後者指組織內部的結構（Structure）、制度（Systems）、方式（Style）、職員（Staff）、技能（Skills）、戰略（Strategy）與分享的價值（Shared Values），各組織間均不同。不管何種模型，這些內部環境要素，均是組織團體內部風險的可能來源。

3. 組織願景與戰略地圖

　　任何組織的創立或存在均有其使命、願景與價值。使命、願景與價值如何在檢視內外部環境後，轉化成組織的戰略地圖。對營利組織言，將使命與願景，透過財務、顧客、內部管理與學習成長等構面，完成願景使命，進而創造價值。對政府機構與非營利組織而言，將使命與願景，透過信任或信託、顧客、內部管理與學習成長等構面，完成願景使命，進而創造價值，參閱圖 6-2。

4. 風險－資本－價值鏈

　　在完全考慮內外部互動環境因素後，則可進一步制定適合的戰略地圖與戰略風險管理政策，以及合適的內部風險管理機制。內外部環境均是風險的重要來源。組織經營所面臨的風險，需有相對的報酬。風險與所追求的報酬間，最好

能達成效率前緣的境界，而當承擔風險的報酬高過資金成本時，就會創造組織價值。為能創造組織價值，風險管理與資本管理的融合就極為重要。參閱圖 6-1。

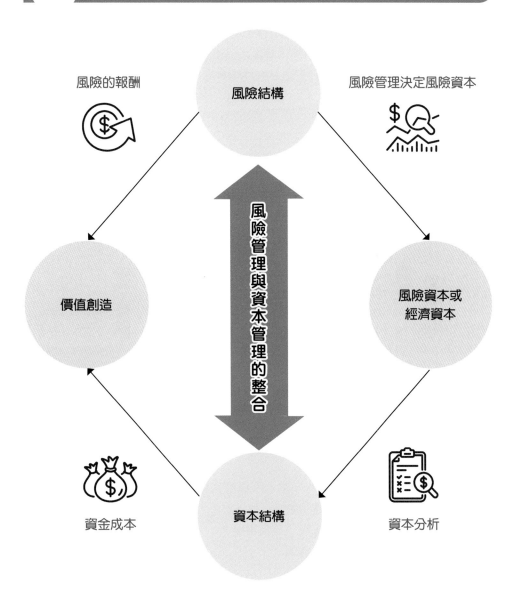

圖6-1 風險 - 資本 - 價值鏈

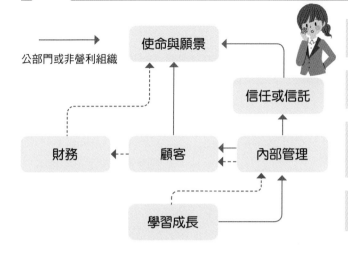

圖6-2 戰略地圖（公私部門）

公部門或非營利組織

使命與願景

信任或信託

財務 ← 顧客 ← 內部管理

學習成長

對股東、納稅人、捐獻人而言，組織怎樣才算成功？

對顧客而言，組織怎樣才算達成使命與願景？

為使顧客或股東、納稅人、捐獻人滿意，組織在哪些內部管理上要領先群倫？

組織要如何學習與改善，才能達成設定的使命與願景？

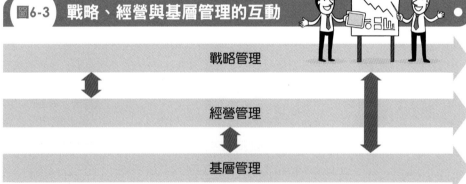

圖6-3 戰略、經營與基層管理的互動

戰略管理

經營管理

基層管理

時　　　間

話險為疑

1. 風險管理與戰略管理融為一體，所以所有組織團體的管理都是風險管理？這樣的敘述是對還是不對？
2. 資本管理與風險管理的搭配，為何重要？
3. 組織願景如何轉化成戰略地圖？
4. 何謂 McKinsey 7S 模型？

Chapter 7

風險管理的實施（二）：
治理、目標與政策

組織定了戰略，有了良好的治理，就可保證風險管理的品質。無論公司或政府治理，根源都起自代理問題（Agency Problem），這問題有滿意的答案，管理風險就能落實有保證。就公司來說，治理的責任在董事會。就政府來說，治理的責任在最高首長與領導機構。本單元組織治理以公司治理說明，政府治理閱UNIT14-1。

1. 公司治理的定義與內涵

中華治理協會對公司治理作如下的定義：「公司治理是一種指導及管理的機制，並落實公司經營者責任的過程，藉由加強公司績效且兼顧其他利害關係人利益，以保障股東權益」。公司治理的內涵，主要包括兩個面向的平衡，一是確保面，另一為績效面。確保面確保風險被有效管理，績效面在風險管理能創造價值。

2. 所有權與經營權的區隔

公司治理問題源自股東與管理層間，所有權與經營權區隔以及利益衝突的問題，參閱下頁圖 7-1。從圖中，很清楚得知股東被視為本人，公司管理層被視為經營上的代理人。兩者因目標不同，容易產生利益衝突而產生代理成本（Agency Cost）。蓋因擁有所有權的股東是以公司股價極大化為目標，專業經理人則以自我利益極大化為目標，兩者利益如何調合是治理的重要課題。

3. 董事會監督結構與管理層間的問題

董事會結構與管理層間，關乎監督與管理區隔的問題。要完成此目標，依公司治理的精神，要求董事會成員最好都是公司管理層外部人員所組成。另依ERM 的主張，更要求獨立董監事最好過半。董事會通常下設風險管理委員會、薪酬委員會、審計委員會與提名委員會或其他功能性委員會。其成員的組成與相關責任義務，各國法令規定有所差別。大體而言，董事會成員的責任包括四種：第一、負監督管理層的責任；第二、對公司忠誠的責任，也就是說，公司利益應置於個人利益之上；第三、揭露重大訊息的責任；第四、遵循法令規章的責任。

4. 目標

追求組織價值（公司價值或公共價值）是風險管理的終極目標。細分有戰略目標、經營目標、報告正確目標與法令遵循目標。其次，亦可分損失前（Pre-

Loss）目標，例如：節省經營成本；損失後（Post-Loss）目標，例如：維持生存。其中，如果組織是屬新創事業，戰略目標就是追求成長；如果組織是屬問題事業，戰略目標就是追求資本管理。報告正確目標亦即要將正確的訊息，報告給正確該負責的人。法令遵循目標就是防範違法，恪守法令規定，不鑽法令漏洞。

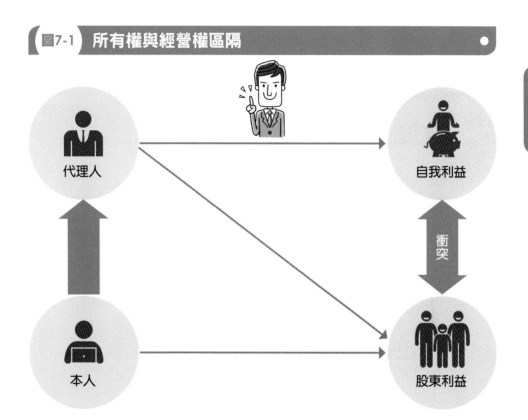

圖7-1　所有權與經營權區隔

代理人

本人

自我利益

衝突

股東利益

表7-1　代理成本表

監督成本	例如：由股東們共同負擔的會計師財報簽證費。
保證成本	例如：專業經理人為了保證會追求股東的利益，同意接受股票選擇權等非現金，當作其報酬的一部分。
調合成本	例如：專業經理人在經營上，放棄風險太高的投資機會，一來為顧及可能失敗，損及股東利益，二來深恐投資失敗，本身工作可能不保。這種本身利益與股東利益同時顧及的可能花費是為調合成本。

表7-2	代理成本的解決

1.	專業經理人的薪資報酬的設計要與經營公司的績效掛勾。
2.	課予專業經理人因決策錯誤損及股東利益時的法律責任。
3.	公布不良專業經理人名單,專業經理人經營績效不彰, 同樣損及股東利益,也損及其專業形象。
4.	製造專業經理人經營績效不彰時,公司可能被另一家公司購併的氛圍。

圖7-2 可用資源與損失後目標的關聯——例如:損失後,生存需求高,但資源少

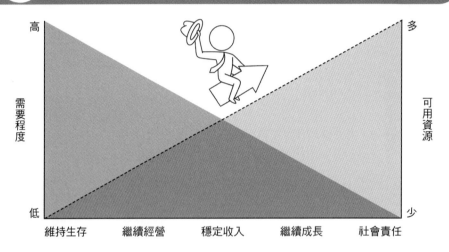

話險為疑

1. 對非上市的家族公司,公司治理能落實嗎?想想。
2. 有人違反風險限額的規定,該對誰報告?如何報告?報告什麼?
3. 董監事即使均由外人擔任,真能獨立落實公司治理嗎?想想可能影響的變數?
4. 代理成本的解決,除表 7-2 的方法外,還有其他嗎?例如:同鄉閨密當專業經理人?或再如?想想方法與效果。

任何組織治理中，總要討論制定組織的總風險管理政策。根據總政策可再依據各類風險的特性，分別制定戰略風險管理政策、財務風險管理政策、作業風險管理政策與危害風險管理政策。這些政策文書統稱風險管理政策說明書（Risk Management Policy Statement），組織風險容忍度水準則是該文書中的核心項目。

1. 制定風險管理政策考慮的因素

草擬政策說明書時，主要考慮內部環境與三大外部環境因素。這外部環境因素包括：

第一、組織經營大環境：經營環境包括政治、 經濟、社會、文化、法律等環境。

第二、組織所屬產業的競爭狀況：這個因素是考慮組織團體與顧客、同行，以及供應商的互動關係。組織團體與顧客的關係，如組織大客戶突然停止下訂單，造成組織的連帶的生產中斷，風險管理上要能事先因應。組織與同行間的競爭激烈且產品間的替代性高，風險管理上可要特別留意生產中斷與連帶生產中斷的可能性，以免占有的市場迅速被同行替代。組織對供應商要留意供料中斷的可能，慎選供應商為風險管理上重要課題。

第三、組織所在地保險市場與資本外匯市場的狀況：保險是危害性風險管理中，重要的風險融資／理財工具。組織所在地保險市場的狀況，要能影響組織風險管理上對保險的依賴度。如果當地保險市場是較為軟性／疲軟的市場（Soft Market），則組織對保險的依賴度可增加。軟性的市場有幾個特徵，如費率較自由，保險資訊較透明，保單條款磋商空間大等。反之，如果當地保險市場是較為硬性／艱困的市場（Hard Market），則組織對保險的依賴度可減少。另外，資本外匯市場是否自由與健全，要能影響財務性風險管理的運作。其次，在風險管理政策說明書中，須涵蓋風險管理組織，且應釐清董事會、風險管理委員會、風險管理部門、營運單位、內部稽核與風險長的風險管理相關職責。同時，也應載明不同管理層級的核准權限與訂定簽名原則（Signature Principle）。

2. 風險容忍度的決定

組織對面臨風險可能導致的損失，能有多少容量且願意容忍多少，就是風

險容忍度或可接受的程度或稱風險胃納。能有多少容量的決定是技術與財務問題，願意容忍多少是價值問題。簡單以概念公式可表示為：A = K1T + K2E + K3SP。這其中，（K1T + K2E）是技術與財務考慮，K3SP 是價值考慮，A 是 Acceptable 或 Appetite 的字首。K1、K2、K3 是權重，T（Technique），E（Economic）是技術與財務變項，SP（Social and Politics）是心理人文價值變項。對風險可能導致的損失，組織的損失準備可吸納預期損失，風險資本可吸納可容忍的非預期損失，超過非預期損失的災難損失則另安排風險管理對策。可容忍度則決定於不同信心水準下的非預期損失，是技術、財務、價值問題。有了風險容忍度的決定，善用各種應對風險的工具手段，就可改變組織的風險結構與資本結構，創造價值，強化組織面臨風險的體質。

表7-3　風險管理政策說明書樣本

某某科技公司

風險管理政策說明書

2001 年

一、風險管理政策

　1. 本公司風險管理基本政策除配合公司總體目標外，應以維持公司生存，以合理成本保障公司資產，維護員工與社會大眾安全為最高目標。

　2. 風險控制與風險理財並重，並重有效的風險溝通。風險控制方面應重事前的防範與事後的緊急應變。風險理財應權衡國內保險市場與資本市場，加入 WTO 與簽訂 ECFA 後的衝擊，適切規劃。

　3. 公司本年度可容忍的風險水平，最高以過去三年平均營業額的百分之一為限。

　4. 本年度風險管理上，尤應重視供應商供料與市場占有率的保持，環境風險的溝通。

二、風險管理組織與職責（內容除風險管理相關職責外，需含括核准授權與簽名原則）

1. 董事會	2. 風險管理委員會	3. 風險管理部門
4. 執行長	5. 內部稽核	6. 風險長
7. 財務長	8. 損防工程師	

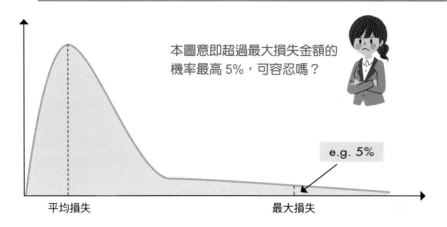

圖7-6　損失機率分配與風險容忍度

本圖意即超過最大損失金額的機率最高 5%，可容忍嗎？

e.g. 5%

平均損失　　　　　　　　　　　最大損失

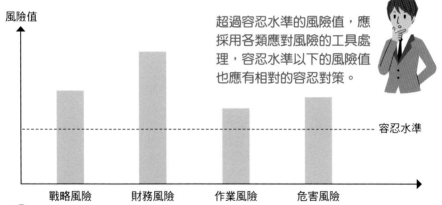

圖7-7　風險容忍度與應對風險

風險值

超過容忍水準的風險值，應採用各類應對風險的工具處理，容忍水準以下的風險值也應有相對的容忍對策。

容忍水準

戰略風險　　財務風險　　作業風險　　危害風險

話險為疑

1. 甲公司財務佳，乙公司財務差，照理説，甲公司比乙公司的風險容忍度應該在任何時候都要高，對嗎？

2. 風險管理的政策，為何要考慮保險市場與資本市場環境，請各別説出理由。

Chapter 8

風險管理的實施（三）：
識別各類風險

8-1 辨識風險的方法與風險登錄簿

1. 識別風險的方法

　　持續有系統的識別風險是實施風險管理過程中，很重要的一步。因不知風險存在，就談不上如何管理。然而，很不幸的人類知識永遠存在極限，也因此未知的未知風險（Unk-Unks Risk）永遠存在，這是識別風險必須持續的理由。

　　識別風險的主要方法：

　　①SWOT分析法：這是專屬於識別戰略風險的方法，SWOT分析就是透過對組織內部的優勢（Strength）與劣勢（Weakness）以及外部的機會（Opprotunity）與威脅（Threat）分析。戰略風險可進一步分成競爭風險、經濟風險與創新風險。

　　②制式表格法：制式表格法是採用相關機構團體，例如：保險公司、專業學會、產業公會等設計的標準表格，辨識風險來源與事件。主要的制式表格有保險相關團體所制定的，例如：風險分析調查表、保單檢視表與資產－曝險分析表。

　　③財報分析法：重要的財務報表有資產負債表、損益表、財務狀況變動表。例如：從資產負債表可辨識公司的資產與負債風險的類型與曝險金額的大小，以及組織可能破產的風險。再如，從損益表中，可估算營業或製造中斷風險。從財務狀況變動表中，識別可能的流動性風險。

　　④流程圖分析法：流程圖分析法是以生產製造過程或作業管理流程，辨識可能的風險來源與事件。其次，流程圖有內外流程圖之分。流程圖分析法對營業或製造中斷與連帶營業或連帶製造中斷風險來源的辨識更顯適用。來自客戶或供應商的風險，進而導致組織營業或製造中斷，就是連帶營業或製造中斷風險。

　　⑤實地檢視法：實地檢視法更有助於了解風險來源的實情。

　　⑥其他特殊方法：有專家深度訪談法、觀察各類排名及指標法、契約檢視法、腦力激盪法、公共論壇或公聽會法、情境分析法等。上列單一方法的採用，都不足以完整的識別風險，綜合採用所有方法是上策。

2. 風險登錄簿

　　識別風險後，須完整登錄在風險登錄簿（Risk Rigisters）中。風險登錄簿主要在描述可能的風險事件，發生的機率，發生的後果，與對組織目標的衝擊。其格式可依組織需要設計。

　　風險登錄簿除設置組織總風險登錄簿外，亦可依各項專案，各類風險，組織

各部門，各類業務單位，各類管理過程等，分別設置。風險登錄簿中，對每一風險事件要採用適當的編碼。例如：同樣是火災事件，但發生在不同地理位置的廠區，那麼要採用可區分其不同的號碼編制。對風險登錄簿中，發生的機率，發生的後果，與對組織目標的衝擊等，均須做初步的判斷與描述，同時對每一風險事件也要標注登錄日期，方便日後檢視與定期更新。風險登錄簿的所有訊息，可提供初步評估風險性質與大小的依據，進而提供組織應對／回應風險的參考。

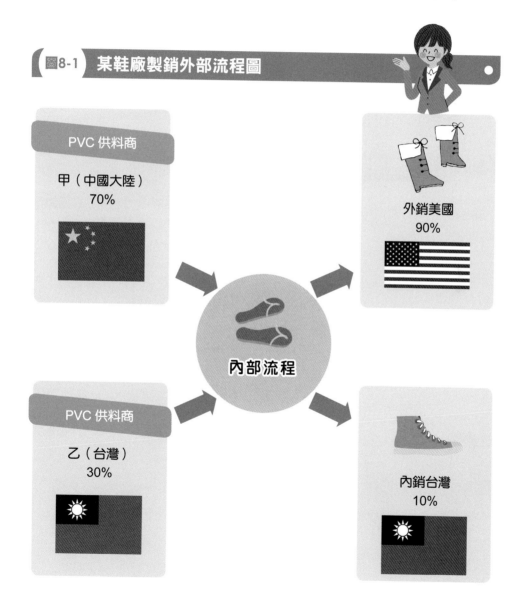

圖8-1 某鞋廠製銷外部流程圖

PVC 供料商
甲（中國大陸）
70%

外銷美國
90%

內部流程

PVC 供料商
乙（台灣）
30%

內銷台灣
10%

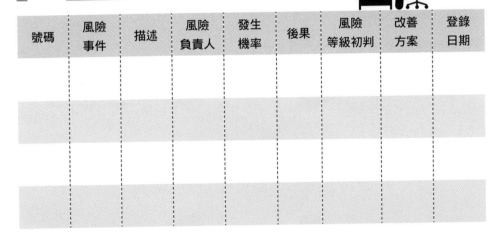

表8-1	組織破產風險的判定：「Z Score」
X1	流動資產減流動負債／總資產
X2	保留盈餘／總資產
X3	利息與稅前盈餘／總資產
X4	特別股與普通股市值／總債務
X5	銷貨收入／總資產

「Z Score」值的計算公式：
$Z = 1.2X1 + 1.4X2 + 3.3X3 + 0.6 X4 + X5$。「Z」值，如低於 1.8，表示未來可能破產的機會可能有九成。

表8-2　風險登錄簿樣本

號碼	風險事件	描述	風險負責人	發生機率	後果	風險等級初判	改善方案	登錄日期

話險為疑

① 利用大數據科技等技術可使社會變成超級透明社會，那是否就不存在未知的未知風險？

② 寫出三個來自資產負債表中，可能存在的風險。

Chapter **9**

風險管理的實施（四）：
分析與評估風險

戰略／策略風險管理無法完全採用傳統風險管理，須搭配戰略計畫、賽局理論、真實選擇權（Real Option）等其他方式。本單元說明戰略風險的分析及評估，應對戰略風險的方法工具請參閱下一章。

1. 戰略風險分析

戰略風險屬於投機風險，因為同一戰略，有可能成功獲利，也有可能失敗導致虧損。組織戰略管理上，不論進行何種戰略均會與長期目標、外部競爭環境與內部經營的彈性相關，這些變項的改變可能引發的不確定即為戰略風險。

戰略風險包括競爭風險、創新風險與經濟風險。

(1) 競爭風險涉及產品、價格、服務、技術等各類同行間國內與國際的競爭產生的不確定。

(2) 創新風險涉及產品或經營技巧創新產生的不確定，例如：5G 手機創新技術產生的不確定。

(3) 經濟風險則是來自國內與國際經濟環境的變動產生的不確定，例如：中美經貿摩擦產生全球經濟環境的變動。

其次，對影響戰略風險的各類風險因子，可分別從整體外部大環境，產業競爭中環境，與組織小環境加以搜尋分析。環境的搜尋可綜合四種模式搜尋環境的變化，從變化中了解風險因子：

(1) 正式搜尋法：以有系統、有組織的方式獲得訊息。

(2) 條件式搜尋法：選擇特定管道追蹤關鍵訊息。

(3) 非正式搜尋法：組織主動且分散式的探尋訊息。

(4) 無特定方向搜尋法：任何訊息來源的搜尋。

針對整體外部大環境的搜尋可歸類政治風險因子、經濟風險因子、社會風險因子、外部科技創新風險因子、法律風險因子等，這些大環境的風險因子是組織戰略上無法控制的風險因子。針對產業競爭中環境的搜尋方法，例如：Porter 的五力模型、Porter 的鑽石模型、產業網路結構等。這些中環境的風險因子是組織戰略上部分可控制的風險因子。針對組織小環境的搜尋方法，例如：McKinsey 7S 模型、價值鏈分析、核心能力分析等。這些小環境的風險因子是組織戰略上可完全控制的風險因子。最後，戰略風險是極其複雜的，組織戰略的制定應謀定

而後動，否則可能滿盤皆輸。

2. 戰略風險評估

戰略風險性質有別於其他風險，且不易計量（大數據或許有助於提升戰略風險的量化與質化）。戰略風險評估除可採用後面單元所述的風險點數加以評估外，亦可考慮外部環境的穩定性與內部組織的適應力兩項因素，給予評估。這兩變項各自的強度，互動的最後淨結果，影響戰略風險的高低。換言之，外部環境極穩定，組織的適應快，則戰略風險最低；外部環境變化極快，組織的適應慢，則戰略風險最高；外部環境極穩定，組織的適應慢，以及外部環境變化極快，組織的適應也極快，這兩種情況下，呈現中度的戰略風險。

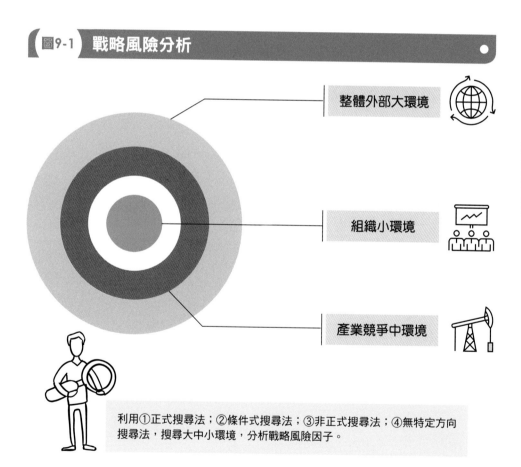

圖9-1　戰略風險分析

整體外部大環境

組織小環境

產業競爭中環境

利用①正式搜尋法；②條件式搜尋法；③非正式搜尋法；④無特定方向搜尋法，搜尋大中小環境，分析戰略風險因子。

圖9-2　戰略風險評估

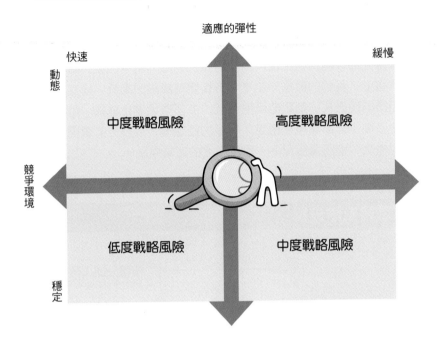

話險為疑

1. 組織面臨手機 4G 變 5G 的競爭,這可歸屬戰略風險中的何種風險?
2. 戰略風險如何評估?大數據能助其量化嗎?真能的話,量化它有必要嗎?為何?

9-2 實質資產風險分析

　　組織戰略層次的風險分析與評估，已如前述。本單元至 UNIT9-6 分析組織經營管理層次的風險，且以曝險為主體說明。之後，才說明風險評估的方法。實質資產是指除有價證券等財務資產外，所有有形與無形（商譽另外分析）的財產而言。

1. 危害風險分析

　　危害風險事件對實質資產造成的後果，有第一次效應的實質毀損，也就是直接後果，以及之後連鎖產生的各類效應可概稱間接後果。

　　主要的危害風險事件包括：

(1) 火災：火災的發生，有其基本條件。這基本條件是，可燃性氣體和空氣的混合，再加上充分的熱能。

(2) 地震、颱風、洪水：地震發生的原因是大陸板塊推擠的結果。再者，地震的震級與震度是不同的。震級表地震規模，以震波的運動量計算；震度則表地震時，人們感受的激烈程度。颱風洪水的產生，則與地球氣候的變動有關。此外，地震、颱風、洪水容易釀成天然巨災，巨災還有人為巨災，例如：美國三浬島事件、印度波帕爾廠化學爆炸事件等。聯合國對巨災認為須滿足三要件：第一、死亡人數 100 人以上；第二、經濟損失占年度 GDP 1% 以上；第三、災區人口達全國總人口數 1% 以上。

(3) 爆炸、竊盜：爆炸係指儲存在密閉容器內的可燃性混合氣體部分著火時，火焰造成容器內的溫度急劇上升，壓力增加，當容器無法承受壓力時，即引起爆裂，此現象謂為爆炸。依性質可分為物理爆炸、化學爆炸與核子爆炸。例如：飼料廠的塵爆就是物理與化學混合型的爆炸。竊盜係指基於奪取故意，非法侵犯他（她）人，奪去或取去他（她）人的動產而言。竊盜主要是指違反財產的犯罪行為。與竊盜相似的強盜及侵入住宅則不同。強盜是藉暴力或恐嚇，在違反他人意志下奪去財物，屬於違反人身的犯罪行為。侵入住宅是基於犯罪故意，強行破壞進入住宅的行為。

　　以上各類風險事件，除造成實質資產的直接經濟損失外，也造成龐大的間接經濟損失。

(1) 直接經濟損失評價
計算實質資產直接損失常用的基礎有重置成本基礎,與重置成本扣除實際折舊基礎。對存貨損失則以下次進貨(NIFO:Next In, First Out)價為基礎。
(2) 間接經濟損失評價:營運收入的減少
營運收入的減少主要包括營業中斷損失與連帶營業中斷損失。
(3) 間接經濟損失評價:額外費用的增加
主要包括租賃價值損失、額外費用損失與租權利益損失。

2. 財務與作業風險分析

實質資產除遭受危害風險事件的實質毀損外,也可能因財務風險事件導致其價值有所增貶,例如:利率波動影響房價。其次,實質資產也可能因管理疏失的作業風險事件,導致損失。

圖9-4 實質資產風險

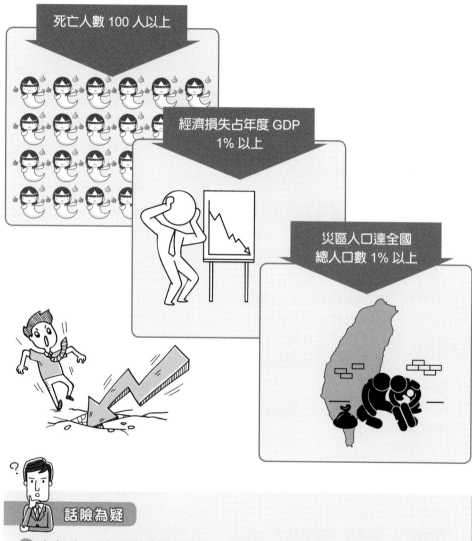

圖9-5 巨災風險要件

死亡人數 100 人以上

經濟損失占年度 GDP
1% 以上

災區人口達全國
總人口數 1% 以上

話險為疑

1. 大客戶不下訂單與供料商斷供，可能引發什麼風險？廠房失火，導致無法營運，這叫什麼風險？

2. 美國加州 2019 年 7 月初發生 7.3 級地震，請上網查其損失情況，符合巨災條件嗎？

3. 實質資產的直接損失計算基礎，為何不使用原始成本為基礎？

財務資產是代表承諾於未來某時點，分配現金流量的資產而言，舉凡各種有價證券或保險單均是。

1. 危害與作業風險分析

不論實質資產或財務資產均會面臨實質毀損的危害風險，但這種風險，一般而言，實質資產比財務資產嚴重。蓋因，財務資產毀損後，依一定程序，可能負擔少許費用即可重新取得。財務資產同樣面臨作業風險事件可能導致的損失。例如：發行公司債作業疏失，導致的糾紛與損失。

2. 財務風險分析

財務風險屬投機風險，常見的財務風險類別包括：市場風險（Market Risk）、信用風險（Credit Risk）與流動性風險（Liquidity Risk）。

(1) 市場風險

市場風險屬於系統風險／不可分散風險。市場風險的來源，主要來自各類金融資本市場變數的改變。這種改變將導致組織資產與負債價值的波動。

市場風險的具體來源，主要有利率、匯率、權益資本（例如：股票價格）與商品價格（例如：石油價格）的波動。同時，這些變數的改變則各成為利率風險、匯率風險、權益風險與商品風險的重要來源。例如：政府對利率的調降或調升，是受到資金市場供需所影響，影響資金供需的變數即為利率風險的來源。這些變數的改變對組織不利的衝擊，還需依據組織資產與負債曝險的情況而定。

(2) 信用風險

信用或抵押借貸交易，債權人的一方，總會面臨來自債務人違約或信評被降級，可能引發的信用風險。就銀行業本身，信用風險來自貸款客戶的違約或信評被降級或來自衍生性商品交易的對方。就銀行存款客戶言，信用風險來自銀行信評被降級或經營不良違約。就保險業言，信用風險除來自貸款客戶的違約或信評被降級或來自衍生性商品交易的對方外，還有來自再保險合約交易的對方。另外，組織的應收帳款風險也是重要的信用風險。前提的違約或信評被降級，主要則來自債務人財務結構不健全或非財務的變數。

(3) 流動性風險

組織持有的資產無法在合理的價位迅速賣出或轉移，以致無法償還債務

時，即會面臨流動性風險。例如：股市交易清淡，持有大量股票的組織須留意此種風險。這種流動性風險，通常而言，實質資產面臨的流動性風險，高過財務資產面臨的流動性風險。

圖9-6　財務資產

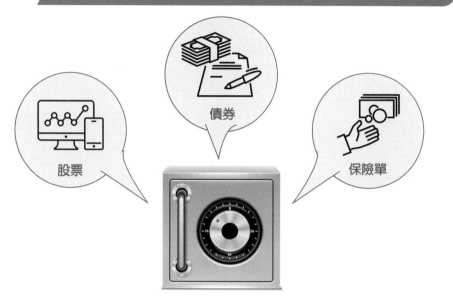

債券

股票

保險單

圖9-7　信用風險

您尚欠本行諸多款項，請盡速邀交！

不！

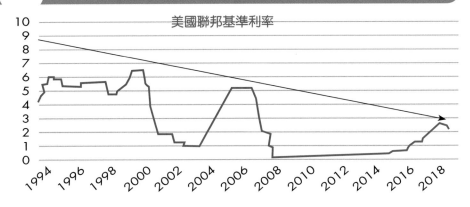

圖9-8 市場風險

美國聯邦基準利率

10
9
8
7
6
5
4
3
2
1
0

1994 1996 1998 2000 2002 2004 2006 2008 2010 2012 2014 2016 2018

美元 USD 匯率走勢圖

新台幣（元）

32.0
31.5
31.0
30.5
30.0

2019/06/25 2019/07/11 2019/07/29 2019/08/14 2019/08/30 2019/09/18 2019/10/04 2019/10/23 2019/11/08 2019/11/26

圖9-9 流動性風險

話險為疑

❶ 假設只有利率上升，銀行的資產價值是上升還是下降？為何？

❷ 國際信評等級評定美國 AIG 集團為 AAA，AIG 集團卻成為 2008-2009 間金融海嘯的罪魁之一。所以信評等級在評估信用風險時，真管用嗎？

❸ 財務資產的實質毀損與實質資產的毀損相較，何者嚴重？為何？

9-4 人力資產風險分析

員工是組織重要的人力資產,組織員工本身,如遭受風險危害,對組織可能產生極大的損失。

1. 人力喪失原因:傷、病、死亡

傷、病、死亡對員工家庭生計的財務影響有兩種型態:一為因傷病導致的收入中斷或減少,此謂為收入能力損失;另一種為因傷病死亡所增加的額外開銷,此謂為額外費用損失,這含括喪葬費用、醫療費用與住院費用等。

其次,衡量人們死亡機會的指標是為死亡率,影響死亡率的因子眾多。例如:年齡(也就是時間)、性別、身高體重等。美國保險教育之父——所羅門博士(Dr. Solomon S. Huebner) 提出生命價值觀念。生命價值法的觀念,可被用來評估個人死亡或傷病時,可能導致的收入能力損失。其中評估個人死亡導致的收入能力損失時,其計算方式是考慮個人的年收入扣除生活費用與所得稅的餘額後,依平均餘命,每年以一定利率,折算成現值的總計。這個總計數可為投保死亡保額的參考。評估個人傷病導致的收入能力損失時,其計算方式則為個人的年收入扣除所得稅的餘額後,依平均餘命,每年以一定利率,折算成現值的總計。另外一種方法是為需求法(Needs Approach),即財務需求與財務來源的差額。其次,傷病導致的工作能力喪失可分兩種型態:一稱全殘;另稱分殘。

2. 人力喪失原因:年老與失業

此兩種因子特殊,而人們活過平均壽命可能導致財務不確定,這就是所謂的長壽風險(Longevity Risk)。組織如果能視財力為員工們因年老或失業妥善規劃或準備,當可減少員工們的憂慮心情,進而有助於生產力的提高。

3. 組織本身特有的人員風險

組織可把員工區分為四類:第一類是,普通單一員工;第二類是,主管人員;第三類是,研發技術人員;最後一類是,員工群體。第二與第三類人員可稱重要人員。蓋因,這些人員的傷病死亡,將導致公司銷售業績減少,增加不必要的成本和組織信用大打折扣。

4. 員工與作業風險分析

作業風險絕大部分來自人為的疏失與管理的不當。組織任何型態的作業風險,都跟員工脫離不了關係,員工的人格特質與身心狀態,均是作業風險的根源。

5. 員工與財務風險分析

組織員工面對的財務風險有兩類：一為組織財務風險；另一為員工個人或家庭的財務風險。

圖9-10　員工的人身風險

圖9-11　員工失能導致的損失

房貸、車貸還有醫療費用……
如果我就這樣倒下可不行……

圖9-12 員工的作業風險

話險為疑

1. 平均壽命與平均餘命間，有何不同？
2. 組織人力資源部過去常稱人事部，更名的積極意義是什麼？
3. 人命無價，為何產生生命價值概念？
4. 失業原因有哪些？請想想。

Chapter **9** 風險管理的實施（四）：分析與評估風險

1. 責任與侵權行為的涵義

責任係指因未履行某項義務而發生的後果,風險管理中,指的是民事責任而非刑事責任。侵權行為係指因故意或過失,不法侵害他人權利的行為。此種行為所致的法律責任,簡稱為侵權責任。責任風險又稱長尾風險,有別於財產的短尾。

2. 過失侵權責任的抗辯

加害人對被害人的請求損害賠償,可以下列兩項理由提出抗辯:第一、自甘冒險;第二、與有過失,雙方均有過失,此時加害人可以「與有過失」為由減輕責任。

3. 與有過失抗辯效果的減弱

在與有過失的原則下,只要加害人(被告)能證明損害的發生,被害人(原告)亦有過失,被告可以不負責任,原告無法請求賠償。此種觀念已有若干修正:第一、為最後避免機會原則的採用。在此原則下,有最後機會避免損害的人應對損害負責;第二、為比較過失原則。在此原則下,原告及被告互相負擔不同的過失程度。

4. 替代責任之立法

替代責任係指本人因他人過失,需負侵權責任之意。例如:醫師在診療時,因受其指導的其他工作人員,發生過失行為導致病人傷害時,該醫師應負賠償之責。

5. 過失主義與結果主義

過失侵權責任觀念有新的發展,結果主義在某些特定責任情況下,替代了過失主義。以產品責任為例,嚴格責任(或稱無過失責任)是以產品缺陷,造成損害時,才產生賠償責任。之後,演變成只要有損害,即產生賠償責任的絕對責任。

6. 責任經濟損失賠償計算基礎

責任導致的損失形態均有兩種:一為體傷責任;另一為財損責任。最後,責任賠償計算基礎,除經濟補償外,懲罰性賠償概念值得留意。懲罰性賠償係指對加害人的故意或基於道義應予以譴責時,為使此種侵權行為不再發生而實施的制

裁金。

7. 國家賠償責任

政府組織則要重國家賠償責任概念，意即國家對公務員執行公務的侵權行為，應負賠償責任。二十世紀前此概念並不存在，二次大戰後，此概念已普遍存在於世界各國。

圖9-13　過失侵權責任

圖9-14　替代責任

受醫師指導的其他工作人員，
發生過失導致病人傷害時，
醫師應負賠償責任

圖 9-15 嚴格責任

奶瓶有瑕疵

圖 9-16 絕對責任

腳踏車致人受傷，不管設計是否
不良廠商即應收回檢驗並賠償。

圖9-17 國家賠償責任

騎樓害摔 老翁獲國賠19萬

2016-07-06 06:00:00

〔記者張文川／台北報導〕86歲周姓老翁，3年前在台北市信義區一處騎樓巷口交界處的斜坡，因斜坡前的蓋板與地面有2公分落差而摔傷，造成股骨骨折，他提告請求國家賠償285萬元，一審判北市府應賠償28萬餘元，雙方都上訴，高等法院昨仍認定應賠，但金額減為19萬餘元定讞。

資料來源：自由時報

話險為疑

1. 從責任開始發生到結案，時間通常較長，所以責任風險又稱為長尾風險。那麼舉例說明短尾風險。
2. 智慧財產權責任何意？印製別人肖像圖屬智慧財產權責任範圍嗎？
3. 開車時用手機講電話的判決金為何升高？

員工與商譽或聲譽，是組織執行長最擔心的兩件事，足見商譽風險的重要性。

1. 影響商譽風險的因素

影響商譽或聲譽風險的因素包括：

(1) 組織治理與領導力的好壞。

(2) 組織對社會責任感的強度。

(3) 組織風險文化與員工是否優質。

(4) 兌現對顧客或民眾承諾的強度。

(5) 對政府監理法令遵守的強度。

(6) 溝通與危機管理（參閱第 10 章）的能力。

(7) 財務績效好壞與被長期投資的價值。

2. 各種風險對商譽衝擊的程度

(1) 屬於低度衝擊的風險，例如：

　　a. 展示品展示與運送：這種風險隨著展示收入增加，曝險範圍愈大。

　　b. 地震：巨災損失會對商譽有些衝擊。

　　c. 應收帳款信用：經濟繁榮景氣，信用風險會減少。

　　d. 新商品研發：研發成果趕不上市場需求。

(2) 屬於中度衝擊的風險，例如：

　　a. 資產的實質毀損。

　　b. 綁架勒索。

　　c. 汽車責任：開車講電話的判決增加。

　　d. 員工職業傷害：職災給付與醫療費用增加。

　　e. 信託責任：員工福利信託。

　　f. 董監遭求償：內線交易與違反法令。

　　g. 員工失業：經濟繁榮景氣，失業減少。

　　h. 海上搶劫：國際海上搶劫。

　　i. 重要員工：CEO、CFO、CRO、主要研發人員與銷售高手的傷殘死亡。

(3) 屬於高度衝擊的風險，例如：

　　a. 營業或製造中斷與額外費用：這項風險，隨利潤的增加，曝險範圍愈大。

b. 員工偷竊。

c. 第三人體傷與財損責任。

d. 作業失誤：財務求償問題。

e. 侵犯員工隱私：注意網路線上活動風險。

f. 航空責任：員工駕駛飛機的第三人責任。

g. 會計詐欺：遠距離分支機構與購併時的會計處理。

h. 電子商務網路：愈依賴 IT 網路，風險愈高。

i. 處理危機不當。

j. 商標等責任：著作權、商標權等。

k. 智慧財產權：可能侵犯第三人智財權，這類法律訴訟案件逐漸增加。

(4) 屬於極高度衝擊的風險，例如：購併進行中的實地查核、交易價、評價與整合時，面臨的風險。

3. 商譽風險評估標準

(1) 低度風險標準：客戶抱怨、利害關係人的信心些許動搖、對商譽衝擊的影響不足一個月。

(2) 中度風險標準：遭地方媒體揭露報導、利害關係人的信心動搖增強、對商譽衝擊持續一個月至三個月。

(3) 高度風險標準：登上全國性媒體版面、利害關係人的信心明顯動搖、對商譽衝擊超過三個月、引起監理機關的注意。

(4) 極高度風險標準：登上全國性媒體頭條甚或成為國際媒體焦點、利害關係人失去信心、對商譽衝擊超過一年甚或無法挽回、監理機關開始調查。

圖9-18 影響商譽或聲譽風險的因素

01 組織治理與領導力的好壞

02 組織對社會責任感的強度

03 組織風險文化與員工是否優質

04 兌現對顧客或民眾承諾的強度

05 對政府監理法令遵守的強度

06 溝通與危機管理的能力

07 財務績效好壞與被長期投資的價值

圖9-19 商譽風險評估標準

01

低度風險標準

　　客戶抱怨、利害關係人的信心些許動搖、對商譽衝擊的影響不足一個月。

02

中度風險標準

　　遭地方媒體揭露報導、利害關係人的信心動搖增強、對商譽衝擊持續一個月至三個月。

03

高度風險標準

　　登上全國性媒體版面、利害關係人的信心明顯動搖、對商譽衝擊超過三個月、引起監理機關的注意。

04

極高度風險標準

　　登上全國性媒體頭條甚至成為國際媒體焦點、利害關係人失去信心、對商譽衝擊超過一年甚至無法挽回、監理機關開始調查。

話險為疑

1. 有云商譽是最被低估的資產，為何會如此説？
2. 企業購併為何對企業商譽會衝擊最大？
3. 客戶抱怨為何要慎重處理？

9-7 風險評估：風險間相關性、風險點數與圖像

在數據不充分下，本單元說明的風險點數半定量公式，是評估風險高低，簡單又實用的方法。經由前述各單元分析風險來源之後，了解各風險來源間的相關性是必要的，因風險是否分散，對風險評估有影響。風險評估則提供應對風險的基礎。

1. 風險間的相關性

風險來源又可分為兩種層次的類別，一為淺層的風險因子，另一為深層的政經社文化價值。

風險事件的爆發，就是受到不同層次風險來源的趨動。事件發生後，其結果不外是負面的損失與正面的獲利。風險來源的趨動間則有獨立、相依、互為因果、互相有關但沒因果等幾種現象。這些不同現象對風險評估有不同影響。其次，分析風險間相關性，常用的方法有失誤樹與事件樹分析、魚骨分析、貝氏理念網（BBNs：Bayesian Belief Networks）等。

2. 風險點數

在不考慮風險間的相關性下，將識別的各個風險依下列半定量點數公式（適用於私部門組織），求得的點數大小代表各個風險的高低。

 計算風險點數的公式

風險點數＝（損失頻率點數＋距離衝擊的時間點數）× 損失幅度點數

上列各因素的點數依組織需要可分 3-5 級，但距離衝擊的時間點數只分 3 級。

如分為 3 級，1 級點數為 1 點（低）、2 級點數為 2 點、3 級點數為 3 點（高）。依此類推 4 級或 5 級。

損失頻率點數依組織需要以損失發生機率或某期間發生次數畫分，例如：將 2% 以下視為最低，20% 以上視為最高，中間再依所需級數分割。損失幅度點數通常依損失金額占營收比畫分。但須留意這些並非鐵則，例如：2% 以下是最低，

但對某些組織不見得這麼認為。

　　距離衝擊的時間點數則以無反應時間為最高級 3 點（例如：實驗室爆炸）、有數天反應時間為次級 2 點（例如：颱風侵襲）、有數月反應時間為最低級 1 點（例如：法條修改）來劃分。如為公部門政府組織，則點數公式須另考慮民眾的信任、風險責任的分攤與社會群體的同意等三項因素，其計算風險點數的公式調整如下：

計算風險點數的公式調整

　　風險點數＝〔（損失頻率點數＋距離衝擊的時間點數）× 損失幅度點數〕
　　　　　　　＋（民眾的信任 × 風險責任的分攤 × 社會群體的同意）

　　或採用下列風險計分公式：

風險計分公式

　　風險計分＝施政時程分析 ×0.5＋施政經費分析 ×0.3＋輿論評價 ×0.2

　　最後，依風險點數公式所作的風險高低排序評比，並不考慮各風險間的相關性。因此，需再運用影響矩陣（Influence Matrix）進一步判讀，重新評比排序。分數的點數，分別是「0」表無影響；「1」表中度影響；「2」表高度影響。

3. 風險圖像

　　根據風險點數公式以損失幅度點數為橫軸，其他為縱軸，制作矩陣表並繪製風險圖像（Risk Map）。因風險會隨時間改變，各個風險在圖像的落點會產生位移現象。

話險為疑

1️⃣ 有云「無數據，難管理」，所以風險點數的結果，無管理的價值，對嗎？
2️⃣ 影響矩陣會重新將風險排序，其意義何在？

圖9-20　風險點數與風險圖像

各個風險會有各自的風險點數，分別落入右圖高中低三區

	損失幅度點數		
	1	**2**	**3**
損失 頻率 點數 ＋ 反應 時間 點數			
6	6	12	18
5	5	10	15
4	4	8	12
3	3	6	9
2	2	4	6

紅色區 高度風險

黃色區 中度風險

綠色區 低度風險

2-6 點＝低度風險；8-10 點＝中度風險；12-18 點＝高度風險

圖9-21　影響矩陣

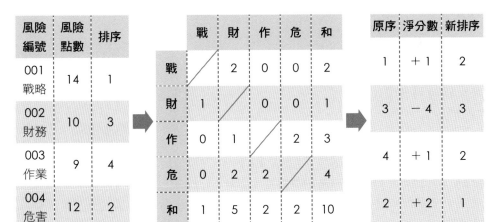

風險 編號	風險 點數	排序
001 戰略	14	1
002 財務	10	3
003 作業	9	4
004 危害	12	2

	戰	財	作	危	和
戰		2	0	0	2
財	1		0	0	1
作	0	1		2	3
危	0	2	2		4
和	1	5	2	2	10

原序	淨分數	新排序
1	＋1	2
3	－ 4	3
4	＋1	2
2	＋2	1

「0」表無影響；「1」表中度影響；「2」表高度影響。
影響矩陣表中，戰、財、作、危，分別代表最左邊表中的風險類別。「和」字代表縱列與
橫列的總和。左端風險影響上端風險的分數，在橫列。左端風險被上端風險影響的分數，
在縱列。淨影響分數＝橫列分數減縱列分數，例如：危害風險淨影響分數＝ 4 － 2 ＝＋2。
根據淨影響分數大小，重新將風險排序。

9-8 風險評估：風險計量 VaR

　　有云「無數據，難管理」，大數據科技與數字經濟時代的來臨，已使風險無論主客觀評估的結果（主觀評估的風險等級藉由主客觀間的對數關係，採用一定算式可轉化成對數機率），在一定基礎上，可互為比較，有利管理。在充分數據庫前提下，計得的風險值（VaR：Value-at-Risk）可提供企業組織設定風險容忍度、提列風險資本（也就是非預期損失＝VaR－預期損失）、政府組織編制預算、決定政策優先順序等的重要依據。

1. 創新的風險計量工具——VaR

　　風險值來自市場風險評估的創新，其意指在特定信賴水準下，特定期間內，最壞情況下的損失。茲以數學符號表示風險值如下：Prob（Xt <- VaR）＝α%（Xt 表隨機變數 X 於未來 t 天的損益金額，1－α% 表信賴水準）。該公式意即未來 t 天，損失金額高於 VaR 的機率最高是 α%，或意即未來 t 天，有 1－α% 的把握，損失金額不會高於 VaR。因市場風險幾乎每天變動，因此，計算 VaR 時，要熟悉時間平方根規則，風險值以標準差為基礎計算，變異數的開根號就是標準差。其次，風險值估算方法有三種：變異數－共變異法、歷史模擬法與蒙地卡羅模擬法。

　　茲採用變異數－共變異法估算某組織持有美金三百萬，在未來兩週的風險值。在估算前，選定信賴水準為 95%，查外匯市場統計，得知平均每週匯率變動的標準差為 0.3%，同時也得知一美金約相當於三十元台幣。那麼美金三百萬部位的 VaR 值如下式：

$$VaR = \$3,000,000 \times 30 \times 0.003 \times \sqrt{2} \times 1.645 \doteqdot \$513,000$$

　　上式中的 $\sqrt{2}$ 是兩週時間平方根，1.645 是 95% 信賴水準下的標準差倍數（如果是 90% 信賴水準下標準差倍數則是 1.28）[1]。上式得出的 VaR 值 $513,000，意即未來兩週，損失金額高於 $513,000 的機率是最高 5%，或意即未來兩週，有 95% 的把握，損失金額不會高於 $513,000。由於 VaR 值無法估算極端風險的情境，因此需以壓力測試（Stress Testing）補足，而監理機關為檢驗 VaR 模型的可靠度則須採用回溯測試（Back Testing）。

1　拙著《風險管理新論全方位與整合》第 229 頁與《新風險管理精要》第 187 頁，因一直疏於校對，未將尾端機率值字樣刪除，特此向讀者致歉。

2. 財務風險、作業風險與危害風險的計量

VaR 值來自市場風險評估的創新（過去使用的希臘字母、敏感係數、下方風險、利率缺口、逾放比率等傳統方法均已整合於 VaR 值），市場風險屬於財務風險，因此，VaR 值已廣泛使用在其他財務風險的評估。那麼，作業風險與危害風險由於其個別機率分配（通常是偏峰分配）與市場風險機率分配（常態分配）不同，VaR 值是否適用？其實經由一定的轉換，VaR 值均已適合用來評估作業風險與危害風險，尤其危害風險計量過去採用的 MPL（Maximum Possible Loss）其實可說是 VaR 值。

公式 1　時間平方根規則

$$\sigma_月 = \sqrt{\sigma_週^2 \times 4} = \sqrt{\sigma_週^2} \times \sqrt{4} = \sigma_週 \times \sqrt{4}$$

該簡單的規則前提是，不同時間的變項間是相互獨立的。因此，一週的變異數乘以 4 就是一個月的變異數。如果前提有變化，該規則就變複雜。

公式 2　組合理論 - 以兩個風險（a 與 b）的組合為例

(1) 完全正相關（+1）

$$\sigma_{(a+b)} = \sigma_a + \sigma_b$$

(2) 完全負相關（-1）

$$\sigma_{(a+b)} = \sigma_a - \sigma_b$$

(3) 零相關（0）

$$\sigma_{(a+b)} = \sqrt{\sigma_a^2 + \sigma_b^2}$$

(4) 正常狀態（風險間的相關不是 +1、-1 與 0）

$$\sigma_{(a+b)} = \sqrt{\sigma_a^2 + \sigma_b^2 + 2 \times \sigma_a \times \sigma_b \times \rho_{ab}}$$

風險以標準差表示，那麼正常狀態下，兩個或多個組合的風險（例如：美金、股票與其他的組合風險）會小於組合內個別風險的加總，這主要因風險的分散效

應。組合理論的一般式如下：

$$\sigma_{(1...n)}^2 = \sum_{i=1}^{n} \sigma_i^2 + \sum \sum_{i \neq j} \sigma_{ij}$$

圖9-22 壓力測試

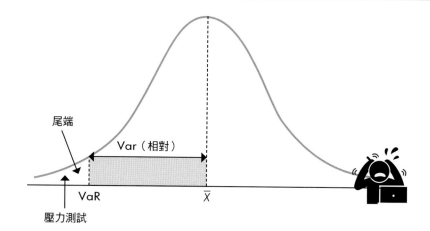

尾端

Var（相對）

VaR

$\overline{X}$

壓力測試

話險為疑

❶ 信賴水準高低、期間長短都會影響風險值的大小，那麼信賴水準愈高，風險值愈大，對嗎？

❷ 危害風險計量過去採用的 MPL，為何可以説也是 VaR 值？

圖9-23 回溯測試

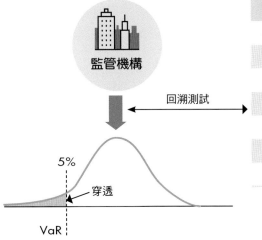

穿透次數	資本提列乘數
4 次及 4 次以下	3.00
5 次	3.40
6 次	3.50
7 次	3.65
8 次	3.75
9 次	3.85
10 次及 10 次以上	4.00

監理機關檢驗 VaR 模型可靠度的機制，並以穿透次數為監理標準。
穿透次數愈高，資本提列乘數愈大，因穿透意即公司可能面臨災難
損失，從而影響風險資本。

圖9-24 市場風險值

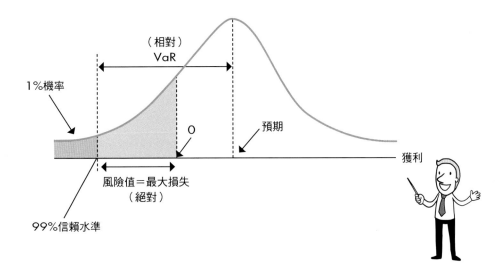

Chapter 10

風險管理的實施（五）：
應對風險

10-1 應對風險概論

風險管理重中之重，是在如何應對風險。知道有風險，風險有多大，但不知道如何應對風險，那麼，一切都將白費。本單元先簡略說明所有應對風險的方法。

1. 利用風險

過去風險管理很少談及如何利用風險（Exploit Risk），主要是過去重在如何應對風險的虧損面，但風險同時可能存在獲利機會，所以如何利用風險，創造價值，成為重要課題。

2. 風險控制

簡單說，風險控制主要針對風險的實質面，它是指任何可以直接降低風險事件發生的可能性或縮小其嚴重性的措施。例如：戰略風險控制採用的真實選擇權。財務風險控制中，採用的風險限額。再如，火災風險控制採用的滅火器等。

3. 風險融資

風險融資主要針對風險的財務面，它是為了籌集彌補損失資金的財務管理規劃。這主要包括針對財務風險融資的衍生品，針對作業風險與危害風險融資的保險，以及涉及資本與保險特質的另類風險融資（ART：Alternative Risk Transfer）商品，例如：巨災債券等。

4. 風險溝通

風險感知會影響風險態度，針對此種風險心理人文面的應對，就須靠風險溝通。

5. 風險決策

風險管理須做決策，效用理論與前景理論的了解以及決策工具的應用就極為重要。

6. 索賠管理、危機管理、營運持續管理與資產負債管理

索賠管理、危機管理、營運持續管理與資產負債管理是風險管理的特殊支流。在損失索賠時，風險變成危機時，與危機解決後，如何快速復原，維持正常營運以及整體從組織的資產負債面做風險管理時，就成為風險管理的特殊課題。

7. 非正式應對風險心法

前面談的都是正式應對風險的手法，但搭配非正式應對的心法，也相當重要。例如：「別認為不會倒楣」、「眼不見風險，也不能淨」、「了解獲利比了解虧損重要」。

圖10-1 風險控制與風險融資的財務關聯性

右圖顯示風險管理以財務為導向的特性。

風險控制有成本與效益

僅用風險融資應對風險，融資成本太高。

僅用風險控制應對風險，太危險。

透過成本與效益連結風險融資

圖10-2 總風險值與風險控制、風險融資

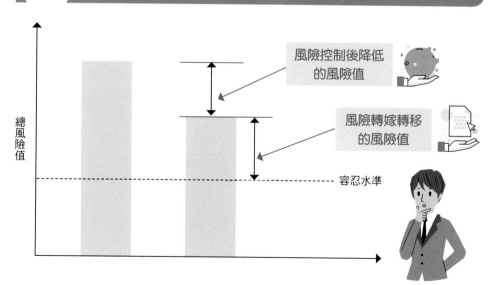

總風險值

風險控制後降低的風險值

風險轉嫁轉移的風險值

容忍水準

表10-1	非正式應對風險的九大心法

心法	非正式原則
心法 1	深入了解組織的獲利，比了解虧損重要。
心法 2	避談風險管理責任，也就是少責難。
心法 3	別認為不是自己的問題。
心法 4	記住眼不見也不能淨，強調實地檢視對識別風險的重要性。
心法 5	別隱瞞要揭露。
心法 6	務必要鼓勵員工休假，可降低作業風險。
心法 7	一枝草一點露。
心法 8	小兵立大功，也就是小處著手，可解決大災難。
心法 9	別想「我會這麼倒楣嗎？」

話險為疑

① 懂了正式與非正式應對風險的方法之後，想想應對風險上是否有極限？

② 有人喜歡只把安全管理或只把風險控制當作風險管理，你認為這個想法可能犯何種嚴重錯誤？

10-2 利用風險

應對某些風險可加以利用，但要用對時機與方法才行。利用的目的當然是獲取利潤，不像其他應對風險的方法，目的是在降低風險或轉嫁風險。可利用的風險絕大部分含有投機風險的性質，這種風險有獲利機會，當然利用不當，就有虧損可能。

1. 可利用的風險

(1) 政治風險：

    a. 政局不穩時：政局不穩通常對組織經營不利，也就因為不利才有機可乘。

    b. 對外關係緊張時：組織可利用某國對外關係緊張時，例如：遭貿易制裁，某些貨物被禁運，組織此時如冒險購買被禁運貨物可能就獲利。

    c. 政府部門受賄成風時：組織可花些錢獲取賺錢的機會。

    d. 內亂與騷擾時：組織可藉機擴大索賠獲利。

    e. 法治不完全時：組織可利用有法律漏洞獲利。

(2) 經濟風險：

    a. 國家外貿實力弱時：外貿實力弱，容易產生逆差，債權人有充分的機會利用風險。

    b. 貨幣貶值時：貨幣貶值對債權人雖是重大風險，但並非無可利用處，例如：須以兩種貨幣支付的工程計畫。

    c. 商品內外差價懸殊時：出口商品價格遠比國內價格低廉時，利用差價獲利機會大。

    d. 企業普遍破產時：藉由企業普遍破產時購併，擴充組織實力。

(3) 商務風險：

    a. 借貸投機：利用貨幣升貶值借貸投機獲利。

    b. 衍生品交易：利用期貨或選擇權獲利。

    c. 契約條款不嚴謹：鑽條款漏洞獲利。

    d. 無商業慣例意識：在無商業慣例意識的國家，利用投其所好獲利。

2. 如何利用風險

第一、分析利用風險的可能與價值：這要分析是否可行，是否有價值與是否有必要等問題。這些都有答案，就可伺機行事。例如：利用匯率風險時，要分析官價與市場價的差異，有否調劑獲利的可能，同時考慮政府管制是否嚴格，再行

利用。

第二、計算利用風險的代價：計算風險的代價當然是指萬一利用失敗時的損失。計算這些損失時，要包括直接損失、間接損失與隱藏損失。

第三、評估組織對風險的承受能力：這與組織財力有關，要承擔可承受的風險，否則得不償失。換言之，要冒合理可容忍的風險。

第四、制定方法與實施步驟：要制定執行的方法與步驟，監測執行期間的干擾活動並想好因應之道。

第五、選擇時機因勢利導：風險是會變化的，何時可利用風險要慎選並因勢利導。

3. 風險利用守則

(1) 要當機立斷。

(2) 決策要慎重。

(3) 嚴密監測風險的變化。

(4) 要量力而為。

(5) 要應變有方。

圖10-3　政治風險的利用

這樣我那批貨可以順利進來了吧！

當然……我們最喜歡像您這樣認真務實的商人了，更何況我沒看到哪裡有什麼問題啊？

圖 10-4　商務風險的利用

本國貨幣貶值　大量賣出外幣　發大財

鑽法律漏洞　僥倖沒被發現　發大財

圖 10-5　經濟風險的利用

　飄洋過海　

發大財！

日幣 500 元　台幣 480 元

話險為疑

1. 股市有云「危機入市」，是否也在利用風險？
2. 鑽法律漏洞，走法律邊緣獲利，是否也在利用風險？
3. 套匯獲利，是否也在利用風險？
4. 利用風險有代價嗎？有的話，該怎麼辦？

10-3 風險控制

前提及，風險控制針對風險實質面的控制措施，在安全管理領域常稱為損失控制（Loss Control）。這有別於後述控制活動提及的內部控制（Internal control）的性質。

1. 戰略層風險控制

應對戰略風險，除前提及的利用風險外，就是風險控制。其應對架構則從組織宗旨與願景開始，經由 SWOT 分析，擬訂戰略，將戰略轉化為行動，使用真實選擇權評估戰略投資價值，決定戰略行動。真實選擇權有助於避開不利情境，降低風險。真實選擇權與財務風險的衍生性商品選擇權，極為不同。

2. 經營層風險控制

(1) 財務風險控制

舉凡，財務預警系統、設定風險限額、利用權限授權、利用設定內部評等控管信用風險、利用壓力測試防範可能的災難風險等都是財務風險控制的具體手段。

(2) 作業風險控制

例如：設定關鍵風險指標（KRI：Key Risk Index）、四眼原則、委外作業、強化員工對相關管理作業的培訓制度等可降低人為疏失程度的措施都是作業風險控制的手段。

(3) 危害風險控制

舉凡，設置監控器、自動灑水系統、滅火器、火災偵煙器、汽車安裝安全氣囊、設置開車速限、手術同意書、加裝防爆系統、安全密碼通關系統等都是危害風險控制常見的手段。

3. 風險控制的學理分類

前列各種風險控制措施，從學理上可歸納為五種：一、風險迴避，例如：停止戰略投資；二、損失預防，例如：設置監控器；三、損失抑制，例如：滅火器。損失預防與抑制可併稱為損失控制；四、風險隔離（Segregation），例如：委外作業；五、風險轉嫁－控制型（參閱後述），例如：手術同意書。

4. 風險控制的成本與效益

風險控制成本有直接成本與間接成本。直接成本包括資本支出與收益支出。

資本支出包括：

第一、安全設備或財務預警電腦軟體系統的購置。

第二、安全設備改良成本。

收益成本包括：

第一、安全設備或電腦軟體系統的保養維護費。

第二、安全人員的薪資。

第三、安全訓練講習費。

間接成本係指必須花費的機會成本或其他間接的花費。風險控制效益有直接效益與間接效益。

直接效益包括：

第一、保險費節省。

第二、來自政府的優惠與免稅。

間接收益包括：

第一、平均損失的減少。

第二、追溯費率帶來的當期保費節省數。

第三、生產力與形象的改善。

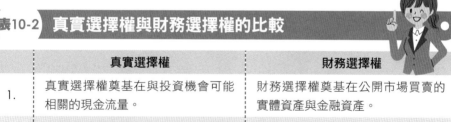

表10-2　真實選擇權與財務選擇權的比較

	真實選擇權	財務選擇權
1.	真實選擇權奠基在與投資機會可能相關的現金流量。	財務選擇權奠基在公開市場買賣的實體資產與金融資產。
2.	真實選擇權只是公司可能投資機會的辨識與規劃。	財務選擇權是某方會受約制的法律合約。
3.	真實選擇權的執行價格就是它的投資價值。	財務選擇權的執行價格是合約中標的資產的價格。
4.	真實選擇權無法流通。	財務選擇權可在市場流通。
5.	決策的彈性可改變真實選擇權的價值。	決策的彈性對財務選擇權無影響。
數學函數	$O = f[I.C,V,T,R]$：I＝投資市值；C＝資金成本；V＝投資市值波動；T＝投資遞延時間；R＝市場利率。	$O = f[P,S,v,t.rf]$：P＝標的資產市價；S＝合約中標的資產執行價格；v＝價格波動；t＝距離到期日時間；rf＝無風險利率。

圖10-6 財務風險控制

流動資產
（現金、存貨）

─────────

流動負債
（應付帳款）

< 1

流動資產除以流動負債如果小於1，代表短期償債能力出問題，要想辦法控制風險

圖10-7 作業風險控制

好好做呀，我們都
在盯著你

放心，我們只是要
確保沒有作業風險

圖10-8　危害風險控制

預防火災

1　加裝室內煙霧偵測器

2　準備滅火器，並定期保養

3　定期舉辦防災演習

話險為疑

1. 想想如何防範電腦駭客？
2. 想想如何防範手機詐騙？
3. 想想如何防範員工上班太累？

10-4　風險融資──衍生性商品

　　風險融資的必要性，在於風險再如何控制，總有殘餘風險，而且風險控制無法保證完全有效。本單元說明財務風險的避險（Hedging）工具──衍生性商品，這不同於風險控制中所提的迴避。

1. 衍生性商品的涵義

　　簡單說，如果某商品價格會受到其他商品價格的影響，那麼，該商品就被稱呼為衍生性商品。例如：預售屋合約。這種衍生性商品合約具有五項特性：

第一、具有存續期間。

第二、載明履約價格或交割價格。

第三、載明交割數量。

第四、載明標的資產。

第五、載明交割地點。

2. 衍生性商品的基本型態

(1) 遠期契約

　　遠期契約由來已久。設想麥農與麵粉廠老闆的相依關係。麵粉廠需以小麥為原料，小麥價格低，對麵粉廠言，經營成本就低，獲利機會大。然而，麥農希望未來收成好外，更希望賣得好價錢賺取利潤。對兩方來說，其他因素不考慮的話，小麥價格高低，各自影響雙方的獲利。此時，兩者均可主動找合適的對象，簽訂遠期契約避免未來小麥價格波動的財務風險。

(2) 期貨契約

　　期貨契約其實就是遠期契約的變種，它是在期貨交易所買賣的標準化遠期契約，但這兩者間有別。第一、遠期契約只有在契約到期日時，才會有現金流量的變動，才實現損益，但期貨契約因每日結算，現金流量與損益每日變動；第二、遠期契約搜尋成本與違約風險高過期貨契約，但標準化的期貨契約對交易者的基差風險高過遠期契約；第三、由於標準化的關係，期貨契約的流動性與變現性均比遠期契約高。

(3) 交換契約

　　簡單說，交換契約是允許交易雙方，在未來特定的期限內，以特定的現金流量交換的一種合約。例如，利率交換（SWAP）等。

(4) 選擇權契約

　　選擇權是可獲利又可迴避損失的衍生性商品。它可分買權（Call Option）與賣權（Put Option）。所謂買權是指買方有權於到期時，依契約所定之規格、數量與價格向賣方買進標的物。標的物可以是財務資產，也可以是實質資產。另一方面，所謂賣權是指買方有權於到期時，依契約所定之規格、數量與價格將標的物賣給賣方。買權或賣權又分買入買權、賣出買權、買入賣權與賣出賣權。例如：麥農主動找麵粉廠簽合約，那就是買入賣權。反過來說，麵粉廠主動找麥農簽合約，那就是買入買權。

表10-3 基本衍生品特性比較表

性質 ＼ 種類	遠期契約	期貨契約	選擇權契約	交換契約
標準化契約	無	有	不一定	無
交易所買賣	無	有	有	無
權利益務	義務	義務	買方：權利 賣方：義務	義務
違約風險	有	無	無	有
保證金	不一定	有	買方：無 賣方：有	不一定
權利金	無	無	買方：有 賣：無	無

表10-4 買入買權性質

最大獲利	無限
最大風險	權利金
交易時機	認為價格或指數將大幅上揚
成本	權利金
損益兩平點	權利金＋履約價格

圖 10-9 買入買權報酬線

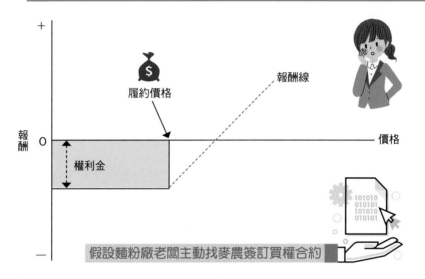

履約價格

報酬線

報
酬

0

價格

權利金

假設麵粉廠老闆主動找麥農簽訂買權合約

話險為疑

1. 想想選擇權可獲利無限,那為何還有窮人?
2. 舉例畫一個買入賣權的報酬線?
3. 想想交換合約除了利率交換,還有哪些?
4. 搜尋一下,2008 ~ 2009 年金融風暴,是何種衍生品釀禍?

10-5 風險融資──保險

財務風險是無法依賴傳統保險融資，作業風險與危害風險中的可保風險則是傳統保險融資的對象。本單元說明主要的風險融資手法──保險的性質。

1. 風險融資的類別

就彌補損失的資金來源區分，風險融資基本上只有兩類：一為風險承擔；另一為風險轉嫁。

風險承擔係指彌補損失的資金，源自於經濟個體內部者；反之，如源自於經濟個體外部或外力者，稱為風險轉嫁──融資型。前者，如自我保險基金等；後者，如保險與衍生性商品等。

其次，就損失前後區分，風險融資可分為損失前融資與損失後融資。最典型的損失前融資措施就是保險、衍生性商品、自我保險與專屬保險。銀行借款，出售有價證券，發行公司債，與運用庫存現金等方式彌補損失，則均屬損失後融資措施。

2. 保險的意義、性質與功效

保險乃集合多數同類風險分擔損失之一種經濟或社會制度。

此種定義有三點值得注意：

第一、保險是風險的組合。

第二、保險的作用是損失的分擔。

第三、保險制度是屬於一種經濟或社會制度。

其次，保險有兩種基本功能：一為透過組合降低風險；另一為損失的分擔。

3. 什麼不是保險？

舉凡保全、儲蓄互助會、救濟、售後服務與賭博等看似有保險的某些特質，但不是保險。

4. 投保的成本與效益

購買保險需付出代價，這代價就是保險費，所以投保成本就是保險費。至於投保效益，當然就是透過風險轉嫁降低了風險。

5. 保險經營的理論基礎

根據前述定義，可知保險的營運奠基於三個理論基礎：

第一是大數法則；第二是風險的同質性；第三是損失的分攤。

大數法則有降低風險的功效；風險同質性使保險核保及費率精算上更趨公平合理化；分攤損失使保險充分發揮互助功能。

6. 保險的社會價值和社會成本

保險的社會價值包括：

第一、可促成資源的合理分配。

第二、可促進公平合理的競爭。

第三、有助於生產與社會的穩定。

第四、可提供信用基礎。

第五、可以解決部分社會問題。

第六、可提供長期資本。

另一方面，保險的社會成本包括：

第一、保險的營業費用成本。

第二、道德及心理危險因素引發的成本。

圖10-10　保險的效應

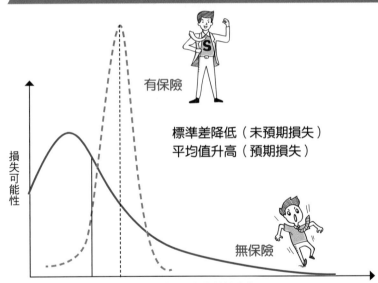

有保險

標準差降低（未預期損失）
平均值升高（預期損失）

損失可能性

無保險

個別投保人支付的成本

說明：由於購買保險，就保險人而言，是風險的組合，所以如保險人只收純保費，個別投保人購買保險後，其各自面臨的預期損失不變，但經由保險人將風險組合後，非預期損失（通常指標準差）則會減少。但實際上，保險人不可能只收純保費，還必要再收附加保險費，因而個別投保人購買保險後，其各自面臨的預期損失會增加，但經由保險人將風險組合後，非預期損失仍會減少。

圖10-11 風險與保險

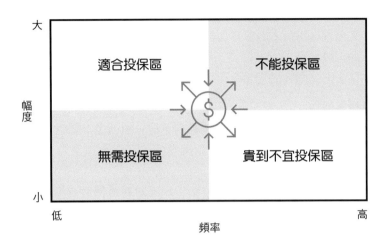

表10-5 主要的傳統與變種保險

組織面臨的風險	傳統與變種保險
財務風險	可用多重啟動保險（此為變種保險，參閱 UNIT10-6）承保。
作業風險	可用董監責任保險、專業責任保險、員工誠實保證保險、第三人電子商務保險、犯罪保險、產品責任保險、汽車責任保險等承保。
危害風險	可用火災保險、營業中斷保險、汽車損失保險、團體人壽保險、團體傷害與健康保險、地震颱風洪水保險、海上保險等承保。

話險為疑

1. 想一想古代的積穀防饑，是不是保險的一種想法？
2. 保險能承保走私香菸的風險嗎？
3. 想一想兩個人簽合約，損失發生時，互賠對方，這是不是保險合約？
4. 常出國最好買什麼保險？
5. 組合理論與大數法則有關嗎？

10-6 另類風險融資：ART

　　ART 英文全稱 Alternative Risk Transfer。它是結合保險市場與資本市場特性的創新商品，故稱另類風險融資。這類商品有些是風險承擔性質，有些是風險轉嫁性質，有些則是兩者的混合。

1. 風險的承擔與轉嫁

　　風險承擔又可分為主動的承擔與被動的承擔，也就是計畫性的承擔與非計畫性的承擔。風險管理中，所稱的風險承擔均指前者。承擔風險的理由眾多，例如：節省融資成本。

　　風險轉嫁依轉嫁的標的，可分為控制型的風險轉嫁與融資型風險轉嫁。前者是將法律責任的承擔，轉移給另一方；後者是將財務損失的負擔，轉移給另一方。其次，如依轉移對象的不同，可分為保險的風險轉嫁與非保險的風險轉嫁。

　　顯然，風險轉嫁合約不限保險，它常見於各類商業活動中，也常散見各類投資活動裡。非保險轉嫁——融資型係指轉嫁者將風險可能導致的財務損失負擔，轉嫁給非保險人而言，而承受者有補償轉嫁者財務損失的義務。較常見的，例如：服務保證書等。

2. 自我保險基金

　　公司內部事先有計畫的提存基金，承擔可能的風險，此基金謂為自我保險基金（簡稱自保基金）（Self-Insurance Fund）。組織經由適切性分析與損失的推估，可決定每年提撥額度與基金總額度。自我保險基金的運作方式，因類似保險，故名之。

3. 專屬保險

　　專屬保險最原始的定義，是承保股東們風險的封閉型保險公司。專屬保險係指為了承保母公司的風險，由一個或一個以上的母公司擁有的保險公司而言。專屬保險的類別相當多，例如：純專屬保險、租借式專屬保險等。

4. 有限風險計畫與多重啟動保險

　　有限風險計畫的主要目的，是管理現金流量的時間風險（Timing Risk），這並非傳統的保險風險轉嫁。例如：財務再保險中的賠款責任移轉（LPT：Loss Portfolio Transfer）等。多重啟動保險是變種保險，在一定條件下，可承保危害風險與價格波動連動的事件，它是要所有承保事故（非單一承保事故）都發生且

達啟動門檻時，保險人才要負責。

5. 風險證券化商品

　　簡單說，風險證券化係指風險透過證券在資本市場的發行分散的過程。這類產品相當多。例如：巨災債券、巨災選擇權、長壽風險生存債券等。台灣發行過地震風險巨災債券，這種債券借助特定目的機制（SPV：Special Purpose Vehicle）發行後，未來債券本金及債息的償還與否，完全視巨災損失發生的情況而定。

圖10-12　純專屬保險與開放式專屬保險

純專屬保險

 母公司　保險公司（專屬於母公司）　該保險公司業務100%來自母公司

開放式專屬保險

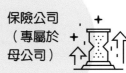 母公司　1　保險公司（專屬於母公司）　3　2　4　社會大眾

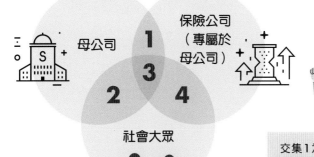

交集1為來自母公司的業務至少為50%，則該保險公司可稱為母公司的專屬保險公司。交集2為母公司本業業務。交集3和4為保險公司的非相關業務。

表10-6　ART 市場參與者與其角色

角色功能＼參與者	保險人／再保險人	金融機構	一般企業公司	法人投資機構	保險代理人與經紀人
商品研發	✓	✓			✓
風險管理顧問	✓	✓			✓
風險能量提供者	✓	✓		✓	
ART 商品使用者	✓	✓	✓		

圖10-13　風險證券化過程

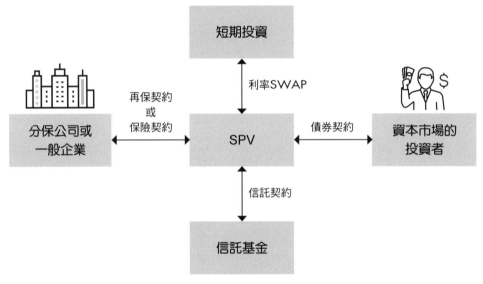

話險為疑

1. 搜尋一下，結構債是什麼商品？
2. 巨災風險為何要證券化？
3. 銀行體系針對金融風暴，可否成立自我保險基金承擔風險？

10-7 風險溝通

1. 風險溝通的意義
　　一般而言，風險溝通可泛指所有風險訊息在來源與去處間流通的過程。下頁圖 10-14 以食品風險溝通為例，說明風險溝通的流程。

2. 風險溝通中風險對比的方式
　　風險對比是重要的風險溝通工具，對比的表現方式與對比的基礎很多。例如：圖 10-15 的健康風險階梯。

3. 影響訊息具備說服力的因子
　　第一類，訊息的排列結構與訊息內容：這類因子又分：
　　(1) 次序效應。
　　(2) 單邊與雙邊的呈現方式。
　　(3) 訊息內容是否簡潔，以及隨著時間，是否有再重複訊息。
　　(4) 是否能引發憂慮或害怕。
　　第二類，訊息傳播的媒介。
　　第三類，訊息來源的特性。

4. 風險溝通宣導手冊
　　制定風險溝通宣導手冊可以人們心智模型法為依據。心智模型法共分五項步驟：
　　步驟一　運用影響圖產生風險科學家們的心智模型。
　　步驟二　利用訪談與問卷，導引出民眾對風險的想法與看法。
　　步驟三　根據前兩步驟比較分析的結果，就差異事項設計結構式問卷。
　　步驟四　根據結構式問卷的分析結果，草擬風險溝通策略中的宣導手冊內容。
　　步驟五　利用焦點團體等研究方法，測試與評估風險溝通宣導手冊草案的有效性。
　　重複本步驟，直至滿意為止。

5. 媒體與風險溝通
　　媒體報導的風險訊息會影響風險感知。媒體報導的風險訊息是可透過人們的記憶與可得性捷思，影響人們的風險感知與風險判斷。其次，媒體報導的風險訊

息如果與個人經驗或知識水平吻合的話，那麼對人們的風險認知影響就比較大，否則，影響較小。

6. 害怕與風險溝通

　　風險溝通的訊息中，如果含有引發人們害怕的訊息是有助於改變人們面對風險時的行為。然而，為何會改變與如何改變，則有不一致的看法。

7. 不確定性與風險溝通

　　不確定本身的科學證據如何，對風險溝通就很重要。這涉及三項要素，那就是確定存在風險的證據，風險有多大的證據，以及風險對個人與群體導致負面後果有多大的證據。

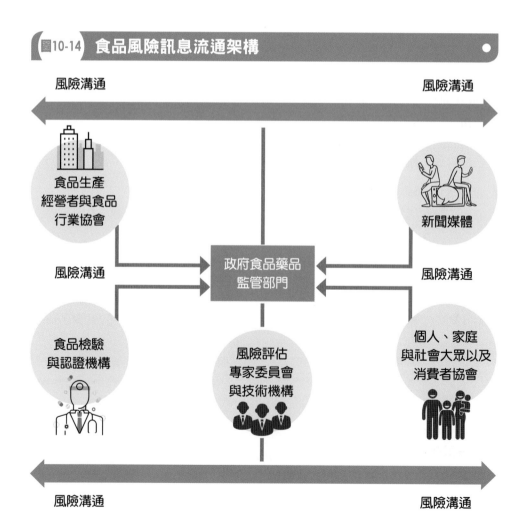

圖10-14　食品風險訊息流通架構

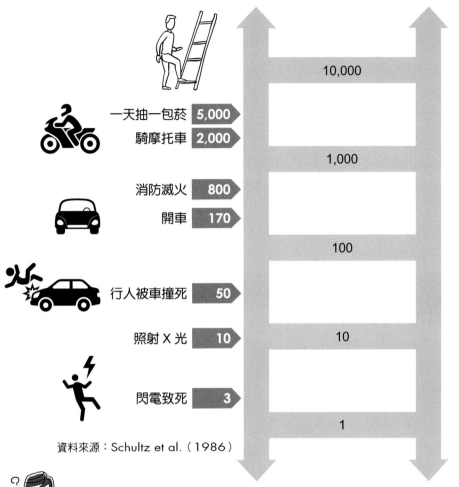

圖10-15　健康風險階梯

	10,000
一天抽一包菸　5,000	
騎摩托車　2,000	1,000
消防滅火　800	
開車　170	100
行人被車撞死　50	
照射 X 光　10	10
閃電致死　3	
	1

資料來源：Schultz et al.（1986）

話險為疑

1. 風險溝通宣導手冊如何制定？
2. 如果說你工作的行業風險是別人行業的兩倍，你如何感受？如果說成你工作的行業風險機率是 0.0002，別人行業的風險機率是 0.0001，你感受又變成如何？
3. 請搜尋食品中含有添加物是否致癌？

風險管理的實施（五）：應對風險

本單元的風險決策是指客觀與主觀不確定情況下的決策。風險決策主要的決策理論有規範性的效用理論與敘述性或描述性的前景理論。其次，另類決策理論有風險均衡理論與目標基礎決策模式。

1. 效用理論

紐曼與摩根斯坦（von Neumann , J. and Morgenstern , O.）發展的效用理論，基本上可顯示出個人對財富的效用與風險間的關係。因此，個人效用曲線可代表人們的風險態度。假如吾人以縱軸表效用值，橫軸表個人現有財富，凹型效用曲線表示個人有風險規避傾向，直線的效用線表個人是風險中立者，凸型效用曲線表示個人喜歡尋求風險。效用函數公式是$U(X) = \sum p_i u(x_i)$，參閱圖 10-16。

2. 前景理論

效用理論重財富總量（即現有財富）與效用的關係，前景理論重財富變量與心理價值的關係。前景理論說明人們的實際決策是受到人們的價值函數，決策權重函數與人們對問題如何構思所影響。

價值函數有三種特質：

第一、所謂價值是指人們心中期望的變異值，也就是相對於參考點來說，比參考點「好」的情況，就是獲利，反之，就是損失。

第二、人們決策時，對影響心中期望的變異最為敏感，而且敏感度會遞減。例如：1,000 元與 1,100 元的差距，比 100 元與 200 元的主觀差距感，會小很多。

第三、人們對喪失金錢價值的敏感度高於獲取同一金錢價值的敏感度，這就是損失厭惡。例如：損失 1,000 元的痛苦感，只賺回 1,000 元痛苦感尚未平復，因賺回 1,000 元等於沒賺，大約也要賺回 2,000 元才能完全平復。根據實驗，損失厭惡比例約 1.5-2.5 間。價值函數公式是$V(X) = \sum \pi(p_i)v(x_i - r)$，參閱下頁圖 10-17。

3. 風險均衡理論與目標基礎決策模式

風險均衡理論總共有十五項假設，其中有五項假設最值得吾人留意，但此處只說明其中兩項，那就是第一、每個人在駕駛時的任何時點上，均有其自我心中

的目標水平；第二、這個目標水平由四個因子決定：

(1) 冒險行為的認知效益。

(2) 謹慎行為的認知成本。

(3) 冒險行為的認知成本。

(4) 謹慎行為的認知效益。

亞當斯（Adams，J.）進一步調整風險均衡理論概念，提出他自己的風險溫度自動調整模式，參閱圖 10-18。其次，目標基礎決策模式首由克蘭茲（Krantz, D.）與抗雷瑟（Kunreuther, H.）創建。該模式的決策法則依決策情境與決策者設定的目標而定，而與決策方案的最大預期效用或心理價值無關。換言之，人們是根據決策的目標與情境做決定，並非如同效用理論與前景理論，以財富（無論是效用理論的財富總量，還是前景理論的財富變量，都以財富為核心）為決定的核心。目標與情境對人們的決策有重大影響。

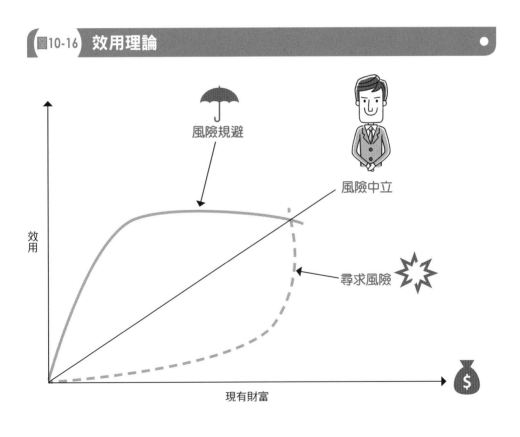

圖10-16　效用理論

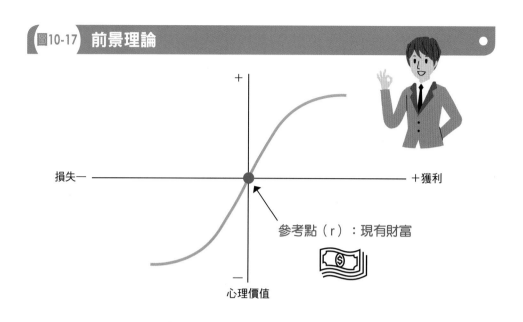

圖10-17 前景理論

損失— ————————— +獲利

參考點（r）：現有財富

心理價值

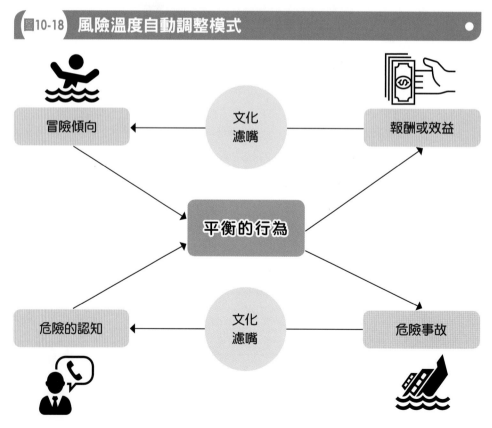

圖10-18 風險溫度自動調整模式

冒險傾向

文化
濾嘴

報酬或效益

平衡的行為

危險的認知

文化
濾嘴

危險事故

圖10-19　目標水平

認知效益

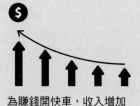

冒險行為的認知效益

為賺錢開快車，收入增加

謹慎行為的認知效益

汽車保費降低

冒險行為 ←————————————→ 謹慎行為

冒險行為的認知成本

可能出車禍

謹慎行為的認知成本

安全帶不舒服

認知成本

話險為疑

1. 請用前景理論解釋台灣的年金改革為何軍公教人員抗議激烈？
2. 請用損失厭惡解釋為何買了一張名人秀的門票，你會捨不得賣，如果要賣，你一定高價賣出為何？
3. 請用效用理論解釋為何有風險規避傾向的人會買保險？

Chapter 10 風險管理的實施（五）：應對風險

10-9 風險決策（二）：團體決策理論

團體決策與個人決策間有別，在有意義的團體決策下，團體最後的決策者是團體而非個人。其次，團體決策效應甚為廣泛，它可大到影響跨代群體的福祉，而個人決策效應範圍有限。本單元說明團體決策理論的要旨。

1. 賽局理論

賽局理論是規範性理論，是說明團體成員互動的策略選擇，它可用來決定參賽者（不論是個人或團體）的最佳反應。這最佳的反應，代表最大報酬。以參賽者是個人來說，囚犯困境最為典型。囚犯困境可應用在兩個社區的團體決策上。

2. 社會選擇理論

民主選舉的投票制度就是典型的社會選擇機制，投票制度規範性的研究，最後形成社會選擇理論。社會選擇理論就是由團體所有成員偏好的總合，決定團體事務的一種規範性理論。民主選舉的投票通常採多數決，這種投票制度通常會不符合規範性理論所要求的偏好遞移性，而會產生所謂的納森矛盾（Nason's Paradox）現象。

3. 社會心理理論

社會心理理論主要以決策機制矩陣（DSMs：Decision Scheme Matrix）顯示個別成員偏好與團體決策的關聯性，參閱表 10-7。表中第一欄顯示五位個別成員對 AB 兩方案支持的可能情形，這代表個別成員對 AB 兩方案的偏好。團體決策可能出現四種結果：D1、D2、D3 與 D4。D1 顯示團體決策是採多數決；D2 顯示團體決策以支持的比例高低決定，例如：其中支持 A 方案的有四位，支持 B 方案的有一位，所以支持比例分別是 0.8 與 0.2；D3 顯示只要至少有一位成員支持某方案，團體決策就是支持那項方案。在此，團體決策支持 A 案的情形較多，支持 B 案就只一種情形；D4 顯示只有在成員完全有共識的情況下，團體決策才有結果，否則，就會懸而未決。

4. 團體決策的兩極化

團體決策的兩極化主要是指集一思考與選擇偏移。選擇偏移又可分冒險偏移與謹慎偏移。冒險偏移係指團體成員中大部分為冒險者，則團體決策的結果會比個人決策更冒險。反之，會因謹慎偏移產生更謹慎的團體決策。圖 10-20 中最上

圖顯示團體成員對風險議題的解決方案持贊成意見的分配現象，團體外成員則持中立或反對意見。如果團體內成員認同團體的價值規範（價值規範顯示更極化，在平均意見的左邊，如同中間圖形），則成員會自我歸類（顯示與團體外成員意見不同）更往價值規範方向移動（從贊成意見不那麼集中，往價值規範移動），最後，便形成團體更集中與極端的意見（愈冒險或愈謹慎），如同最下方的圖形。

表10-7 決策機制矩陣

支持情形的分配		D1		D2		D3		D4		
A	B	A	B	A	B	A	B	A	B	懸而未決
5	0	1	0	1	0	1	0	1	0	0
4	1	1	0	0.8	0.2	1	0	0	0	1
3	2	1	0	0.6	0.4	1	0	0	0	1
2	3	0	1	0.4	0.6	1	0	0	0	1
1	4	0	1	0.2	0.8	1	0	0	0	1
0	5	0	1	0	1	0	1	0	1	0

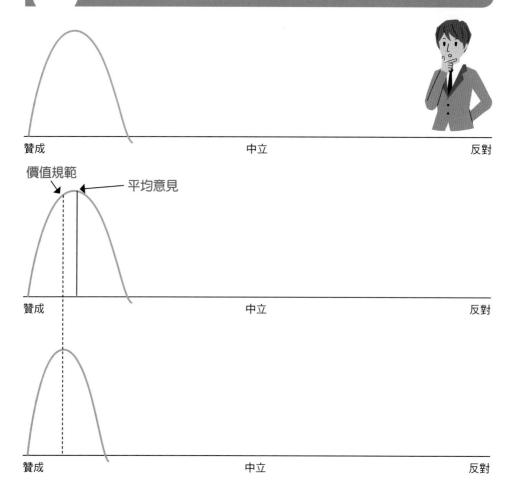

圖10-20　冒險偏移或謹慎偏移

贊成　　　　　　　　　　　　中立　　　　　　　　　　　反對

價值規範

平均意見

贊成　　　　　　　　　　　　中立　　　　　　　　　　　反對

贊成　　　　　　　　　　　　中立　　　　　　　　　　　反對

話險為疑

1. 恐怖主義的蓋達組織為何那麼極端？請用團體決策解釋。

2. 搜尋囚犯困境並解釋。

3. 集一思考就是一言堂現象，想想你是會議主席該如何破解此現象？

10-10 風險決策（三）：決策問題

風險決策針對的相關問題很多，有些是單一個別決策問題，有些是多元組合決策問題。本單元限於篇幅僅各舉一二，簡略說明。

1. 單一個別決策：實體安全設備

實體安全設備的投資，是屬於投資性的資本支出，而非消耗性的收益支出。是故，傳統資本預算術決策工具適合實體安全設備的投資決策。

2. 單一個別決策：買不買保險

(1) 購買保險的機會成本

$$I = p(1+r)^t$$

p＝保費　t＝期間　r＝投資報酬率　I＝保險

(2) 不買保險的機會成本

$$R = [L + S + X](1+r)^t - X(1+i)^t$$

S＝行政費用　X＝因承擔風險提列的基金　R＝承擔風險　L＝平均損失
i＝利率　t＝期間

(3) 如 $I > R$ 則承擔風險；反之，則購買保險

3. 組合型決策：風險控制與融資組合

假設四種方案供選擇，廠房發生火災機率 5%（設為全損），但安裝預防設備時，發生火災機率降為 3%。

四種方案分別是：①承擔風險；②承擔風險＋預防設備；③買保險；④買自負額五萬的保險。四種方案中有風險控制與融資，這種選擇就是組合型決策。解決這問題，當然還需其他數據。解決的程序上，要將在每方案下的損失數據填入損失矩陣表中，再採用四種決策標準決定。這四種標準是：①大中取小法；②小中取小法；③損失期望值最小化法；④後悔期望值最小化法。

4. 組合型決策：保險與衍生品

不考慮交易成本下，某組織面臨油價波動與油汙染責任訴訟可能的風險，如表 10-8。分別計算油價波動風險與油汙訴訟責任風險對未來收益的影響，油價波動風險可能導致的未來平均收益分別是 750 或 500（依油汙訴訟是否發生），

標準差是 250。油汙訴訟責任風險可能導致的未來平均收益分別是 375 或 875，標準差是 125。同時考慮兩種風險可能導致的未來平均收益是 625，標準差是 279.5。總體風險水平並非 375（125 ＋ 250），而是 279.5，遠小於個別風險的合計。是故，組織的財務部門與風險管理部門，在決策上如無整合，而是兩個部門各自作出的風險管理決策，將是不適切的決策。只有透過適當的避險比例與投保比例的組合，才可產生適切的組合決策。

表10-8 油價波動與油汙染責任訴訟可能的風險

	低油價（機率 0.5）	高油價（機率 0.5）
油汙訴訟不發生（機率 0.5）	500	1,000
油汙訴訟發生（機率 0.5）	250	750

圖10-21 前景理論的決策四種狀態

圖10-22 財務分層配置圖

傳統保險

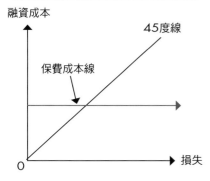

自保＋保險

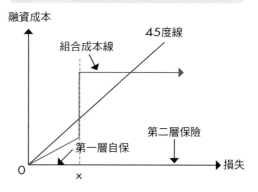

公司債

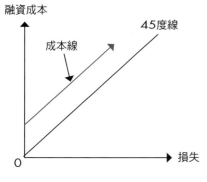

自保＋公司債

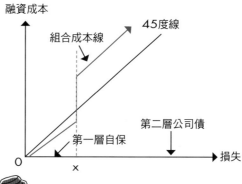

自保基金

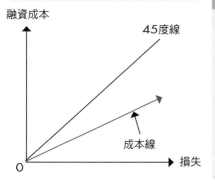

話險為疑

❶ 參考左圖，想想針對彌補損失提列的自保基金融資成本線，為何在 45 度線下方？

❷ 想想組織發行債券為何有固定成本？

❸ 有人說「不買保險是笨蛋」，對嗎？

❹ 見圖 10-21，想想為何有人會一賭再賭？

Chapter 10

風險管理的實施（五）：應對風險

10-11　索賠管理與資產負債管理

本單元說明發生損失後，索賠或理賠處理的相關內容與資產負債管理。

1. 索賠管理

(1) 管理的範圍

索賠管理包含三方面：

第一、因組織行為的失誤導致他人遭受損失，組織應負的法律賠償責任。

第二、組織將各類財務損失轉嫁他人，當組織蒙受損失時的索賠活動。

第三、組織承擔損失，當組織蒙受損失時的自我理賠處理。

(2) 索賠管理的過程與步驟

任何損失的基本處理過程，包括下列六項基本步驟：

第一、損失真相的調查與賠償責任的確定。

第二、所有涉及損失的相關單位和人員對損失金額的評估。

第三、各相關單位和人員間，對損失賠償金額和支付時間的磋商。

第四、透過法律和其他程序解決爭議。

第五、賠償金額的支付。

第六、上述各項步驟執行績效的評估。

(3) 索賠成本控制

控制理賠成本的方法主要有下列四種：

　a. 預付賠款：如果賠償者能預先支付部分賠款予受害人，不但可能有助於最後賠款的減少，亦有助於受害者盡快恢復營業。

　b. 代位求償：例如：損失是由他（她）人導致者，在與保險索賠競合時，最好讓渡對他人要求賠償的權利，事先獲得保險公司的賠償，對組織是有利的。

　c. 復健計畫：所謂復健係指針對受傷和殘廢之人員，以身心輔導和職業輔導的方式使其恢復傷殘前原有的自信、能力和獨立性。

　d. 特殊結構給付：傳統上，對人員的傷殘死亡實施一次的現金給付。一次給付現金對缺乏理財專業的人們言，不見得有利。然而，風險管理人員如能實施定期金額支付計畫，這將有利於費用成本的控制。此種定期金額支付計畫是屬特殊結構給付（Structured Settlement）方式之一，它可以年金方式為之，亦可以信託和投資組合計畫方式為之。這種特殊結

構給付，就理賠成本控制上所帶來的優點，至少有四點：①獲得金錢的時間價值所帶來的好處；②可有免稅的優惠；③提供請求賠償人員穩定的現金流量；④提升整體社會福利水準。

2. 資產負債管理

資產負債管理是以管理利率風險與流動性風險為主的特殊管理支流，它常見於金融保險業風險管理領域。這主要是因為金融保險業是風險中介行業，承擔客戶風險，其負債性質不同於非金融保險業，且其資產以財務資產居多，也因此金融保險業的資產負債對利率波動特別敏感。例如：利率下跌，保險業資產價值上升，同時負債價值也上升，如果資產負債變化幅度不同，保險公司淨值就會產生變化。這點與非金融保險業的資產負債性質不同，非金融保險業的資產多為實質資產，負債性質為應付帳款，這負債有別於銀行的存款準備金與保險業的責任準備金。

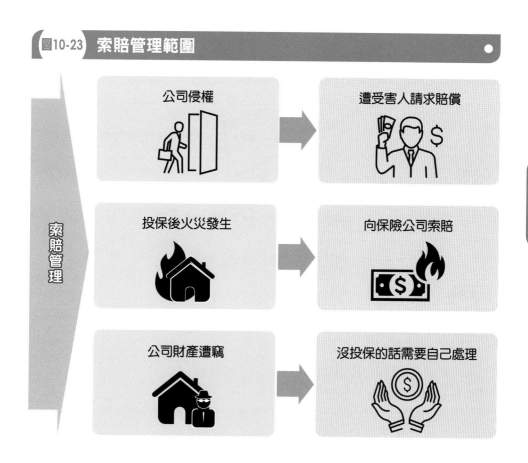

圖10-23　索賠管理範圍

索賠管理

公司侵權　➡　遭受害人請求賠償

投保後火災發生　➡　向保險公司索賠

公司財產遭竊　➡　沒投保的話需要自己處理

圖10-24 復健

心理復健

物理復健

職業復健

圖10-25 索賠管理過程

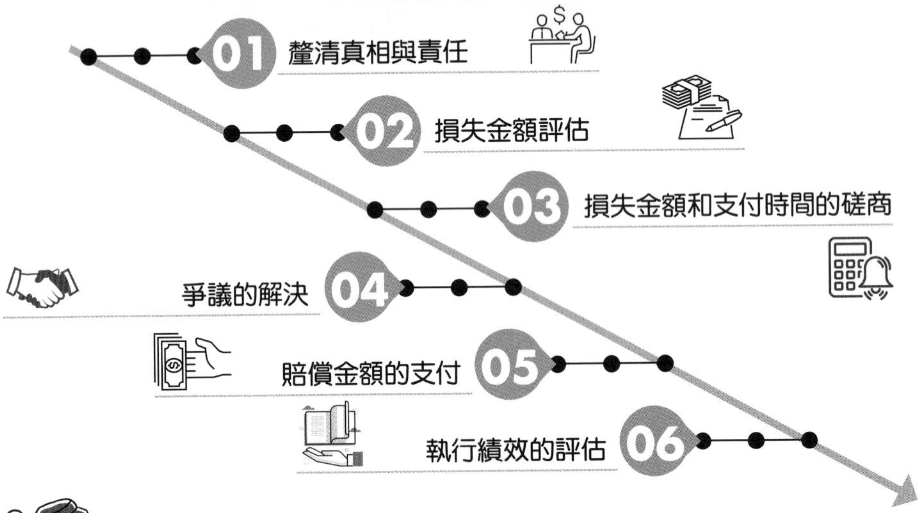

01 釐清真相與責任

02 損失金額評估

03 損失金額和支付時間的磋商

爭議的解決 **04**

賠償金額的支付 **05**

執行績效的評估 **06**

話險為疑

1. 利率上升，保險公司資產負債會產生何變化？
2. 控制理賠或索賠成本有何妙招？
3. 銀行的存款準備金與保險業的責任準備金是何種性質的負債？

10-12 危機管理

　　組織平常要執行風險管理，重大危機來臨時，要啟動危機管理計畫。危機即危險與轉機，危機來臨時，處理得當就有轉機，否則，更加危險。

1. 危機與危機管理

　　危機可分為四個不同的階段：

第一個階段稱為潛伏期亦即警告期，這段期間會有某些徵兆出現。

第二個階段稱為爆發期。

第三個階段為後遺症期。

最後階段稱為解決期。

　　上述四個階段，只是解說的方便，事實上，每個階段並不一定有時間先後之分。如果您是一位有先見之明的人，發現徵兆即解決了問題，那危機就不至於爆發，產生後遺症了。危機管理可規範為經濟個體如何利用有限資源，透過危機的辨認分析及評估而使危機轉化為轉機的一種管理過程。

2. 危機管理過程

　　危機管理過程可以分為五個步驟：

步驟一　是危機的辨認。

步驟二　是危機管理小組的成立。

步驟三　是資源的調查。組織內外各有哪些資源可以運用，要加以調查。調查後，發現某些弱點，則需事先補強。

步驟四　是危機處理計畫的制定。

步驟五　是危機處理的演練與執行。

　　其次，危機不同，危機管理計畫也不同，綜合可歸納為四類：

(1) 為與生產科技瑕疵有關的。

(2) 為大自然造成的。

(3) 經營環境造成的。

(4) 為人為破壞造成的。

　　一般危機管理計畫要點包括：

(1) 指揮系統和權責的釐清。

(2) 對外發言人的設置。

(3) 危機處理中心的所在地。

(4) 救災計畫。

(5) 送醫計畫。

(6) 受害人家屬之通知程序。

(7) 災後重建要點。

3. 商譽危機與信任雷達

前提及的各類危機，組織如處理不當，最終均將嚴重影響組織商譽。對組織的信任是所有危機化為轉機的首要變項。影響組織的信任程度有四種變項，參閱圖 10-28。圖中的透明度不是完全揭露的概念，但揭露的部分，一定要作到完全透明。其次，組織本身如無對各種危機處理的專業團隊，則須提升專業度獲得信任。對外承諾保證人一定是要有完全決定權且應負責任的人。最後，就是需要同理心，這變項應是最重要，但也容易被忽略的。道歉固可表達同理心，但同理心不等同道歉，沒有誠意的道歉更糟。

4. 危機管理成本與效益

危機管理成本可分為易確認的成本與不易確認的成本。易確認的成本大致上包括處理危機所需的暫宿交通費、設備耗損、員工可能招致的傷害與危機訓練成本等。不易確認的成本則是危機期間，工作無效率的成本。危機管理效益大致包括毀損財產得以快速復原，可消除可能的重複浪費，維修人員可能因危機反而更熟悉如何改善維修效率，公共關係得以改善，與可能獲得保險的優惠。

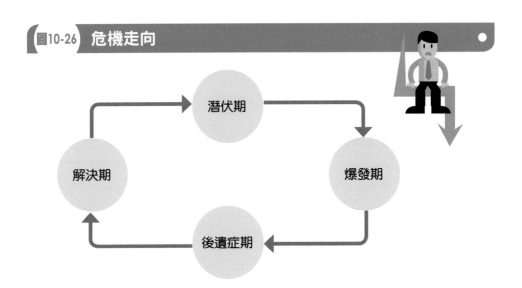

圖10-26 危機走向

潛伏期

爆發期

後遺症期

解決期

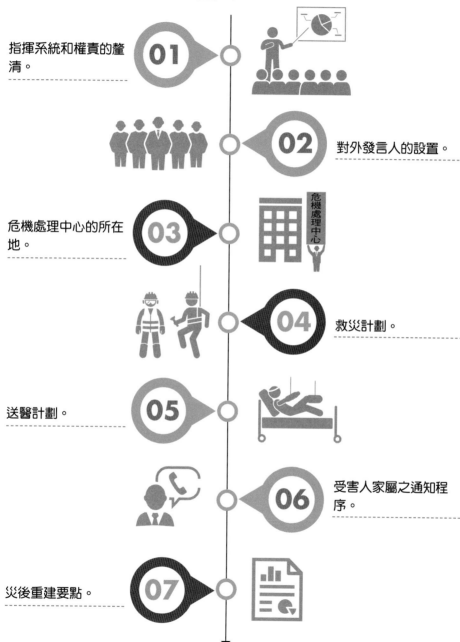

圖10-27　危機管理計畫要點

當遊樂園發生粉塵爆炸，危機管理計畫如下：

01 指揮系統和權責的釐清。

02 對外發言人的設置。

03 危機處理中心的所在地。

04 救災計劃。

05 送醫計劃。

06 受害人家屬之通知程序。

07 災後重建要點。

Chapter **10**　風險管理的實施（五）：應對風險

125

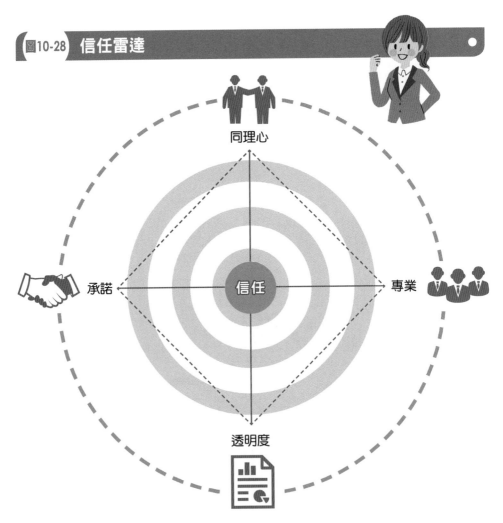

圖10-28 信任雷達

同理心

承諾　　信任　　專業

透明度

話險為疑

1. 中年突然失業，是嚴重的個人危機，想想該如何解決？

2. 假設捷運站發生恐怖攻擊，傷害數百人為情境假設。請你制定捷運局的危機管理計畫書。

3. 上網搜尋華航 2019 年春節罷工危機事件始末，並以信任雷達說明其處理得當否？

10-13 營運持續管理

在危機解決後,組織須立即啟動營運持續管理／計畫(BCM／BCP:Business Continuity Management／Plan)。根據過去紀錄,約有八成重大風險事件,造成組織利潤降低 20%,營運持續管理則可使組織盡快恢復營運,是減緩利潤降低衝擊的良方。

1. 營運持續管理的意義與目的

營運持續管理是一種整合性的管理過程,它是為了保障重要關係人利益、組織商譽名聲、品牌與創造價值的各類活動,整合營業衝擊評估(BIA:Business Impact Assessment),提供建立組織復原力的架構與有效反應風險的能力。其目的是在組織遭受重大風險事件後,如何快速復原,持續維持營運。

2. 營運持續管理的建置

營運持續管理的建置,如一項專案計畫,啟動與運作之後,就需定期評估與持續檢討改善。

(1) 營運持續管理的基礎層

　　參閱圖 10-29 的最底層,即是開始建置時的基礎層。開始建置時,要先了解各利害關係人的利益,制定營運持續管理政策,組成營運持續管理小組,擬訂計畫與編製預算等。員工對營運持續管理的自覺與教育訓練,是啟動前的前置作業。

(2) 營運持續管理的了解層

　　在這層中,需作事先的營業衝擊評估(BIA),進行重大風險事件發生時,對整體營運的評估,這包括對目標、衝擊面、財務與產能的衝擊評估,以及組織依存度的評估,最後評估,為維持營運所需基本資源準備與應有的備援及緊急應變計畫。其次,找出關鍵活動點(MCA:Mission-Critical Activities),了解風險容忍度與重要資源準備。最後,設計回復正常營運時程圖,包括回復時間的目標(RTO: Recovery Time Objective)與回復點的目標(RPO:Recovery Point Objective)的考量。此外,需留意缺口分析(Gap Analysis),亦即回復進程與正常營運水準間的落差。

(3) 營運持續管理的方案層

　　繼前兩層之後,即須擬訂各種方案,以成本效益分析法分析各方案的優劣,選擇執行最佳化方案,此即方案層主要的內容。

(4) 營運持續管理的組織與執行層

　　方案選定後，要依角色功能成立營運持續管理小組。

(5) 營運持續管理的績效監督層

　　最後，營運持續管理須內部控制與內部稽核持續監控。營運持續管理過程中，也須隨時學習與訓練，其績效結果須提董事會報告，成為組織治理的重要部分。

圖10-29　營運持續計畫的建置

BC 監督層
內控內稽監督

BC 組織與執行層
執行時程表；協調各部門

BC 策略層
選擇最佳策略方案；分析資源需求等

了解組織層
營業衝擊評估（BIA）；找出MCA；進行缺口分析等

BCP 基礎層
建置時，了解利害關係人的利益；制定政策；組成BCM小組；編製預算與擬定計畫等

BCM自覺與訓練

表10-9 營運持續管理計畫書的內容

1.	關鍵活動點（MCAs）與在 RTO 與 RPO 目標下，最可靠回復行動計畫的優先排序。這些回復行動計畫應考量關鍵活動的備援計畫（屬於風險控制中的儲備手段）、營運的彈性計畫、組織文化的改善與相關的保險計畫（屬於風險融資措施）等。
2.	營運持續管理小組（BCMT：Business Continuity Management Team）的成員組成、代理人員、與其扮演的角色以及協調報告的對象。
3.	相關所需的資源，何時可獲得與如何取得。
4.	內外部協調報告對象的詳情。
5.	相關契約訊息與保險。營運持續計畫中，很需要的保險，當推營業中斷保險與責任保險。安排營業中斷保險時，留意保障期間是否足夠？有否附加工作成本增加條款（ICOW：Increase Cost of Working）？以及兩種保險的除外與限制條款。
6.	營運持續管理報告的要求。
7.	如何處理與新聞媒體的關係。
8.	任何可幫助回復營運的任何資源，例如：索賠管理等。

話險為疑

1. 舉例說明何謂回復時間的目標與回復點的目標？
2. 營業中斷保險保障期間，為何要留意是否附加工作成本增加條款？
3. 營運持續管理計畫書（表 10-9）中，為何要列入如何處理與新聞媒體的關係？

Chapter 11

風險管理的實施（六）：
控制與溝通

11-1 控制手段與風險揭露及對外溝通

11-1　控制手段與風險揭露及對外溝通

實施風險管理過程中，須搭配各種控制手段與風險揭露及對外溝通。前者如利用指標控制與內部控制手段，後者如金融商品上標注風險警語的提醒。

1. RAROC

RAROC（Risk-Adjusted Return on Capital）稱呼為資本的風險調整報酬，它是風險調整績效衡量 RAPM（Risk-Adjusted Performance Measurement）中的一個重要指標，也是指標控制的重要手段。RAPM 是根據報酬中所承受的風險，調整報酬的通稱。RAROC 是由 ROC（Return on Capital）變形而成，ROC 是會計利潤與會計帳面資本的比率，但 RAROC 分子則從報酬中扣除風險因素來調整報酬，也就是公平價值報酬，分母照理說還是會計帳面資本，但實務上則常以經濟資本（或風險資本）取代會計帳面資本。

$$RAROC =（會計報酬－預期損失）除以經濟資本。$$

2. 截止率與資本配置

截止率常被用來調整經濟資本資金的報酬，經由此調整後的經濟利潤才是增減組織價值的變數。換言之，截止率是 RAROC 為彌補經濟資本資金成本的最低要求，當 RAROC 超過截止率，對組織價值就有貢獻，這概念就是經濟價值加成或稱經濟利潤（EP：Economic Profit），其算式如下：

$$EP =經濟資本 ×（RAROC －截止率）$$

EP 如為正值，組織價值增加，反之，則否。這是重要的控制手段。其次，資本配置（Capital Allocation）是指將經濟資本分配置組織各單位／部門的紙上作業過程，不必然涉及實質資本的投資。

3. 內部控制

內部控制與內部稽核是一體的兩面。根據英國管理會計人員學會（CIMA：Chartered Institute of Management Accountants）的定義，內部控制是指組織管理層為協助確保目標的達成所採取的所有政策與程序，這些政策與程序盡可能以實際可行方式，有效率與有次序地執行控制資產的安全，報表的完整、及

時與可靠，詐欺與失誤的偵測等。其次，內部控制除採各類財務比率指標控制外，亦採用非財務方式作為內部控制的手段。例如：關鍵風險指標（KRI）、實體監控設備等。

4. 風險揭露與對外溝通

　　本項與前提及的風險溝通概念有關，但此處重在組織財務報告與金融商品風險訊息的對外揭露，且其目的只在揭露訊息，提醒投資大眾注意，並不像前提及的風險溝通目的在改變大眾的風險感知、態度或行為。英國的會計標準委員會，國際財務報告標準，與美國的沙賓奧斯雷法案均對財務報告與金融商品的風險揭露有所規定。

圖11-1　控制循環圖

設定目標（最低截止率）　　績效衡量

業務激勵（資本配置）　　績效評估 (RAROC)

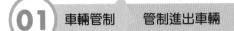

圖11-2 非財務方式的控制手段

01 車輛管制　管制進出車輛

02 人員管制　嚴密確認人員進出，以免混入間諜

03 手機管制　沒收手機或是鎖機，以免外洩機密

04 物料管制　原物料進出也要登記檢查

05 通信管制　所有往外發送的信件跟通話都經監控

圖11-3 財務報表風險揭露

話險為疑

1. 預算是內部控制的財務手段，想想其他非財務的控制手段還有哪些？
2. RAROC 與組織發放年終獎金有關聯嗎？
3. EP 是什麼？與截止率有何關聯？

Chapter **12**

風險管理的實施（七）：
監督與績效評估

本章是風險管理實施最後的步驟也是管理風險自我循環過程的起頭。本單元說明監督風險管理過程的內容，也就是審計與內外部稽核。

1. 審計委員會與外部稽核

董事會除設置風險管理委員會外，須設置監察人制度或設置審計委員會，獨立監督組織 ERM 過程。

根據沙賓奧斯雷法案（Sarbanes-Oxley Act），審計委員會主要的功能就是在監督公司稽核策略與政策，以及監督財務報表與內外部稽核報告的可靠與正確性。

其次，根據史密斯指引（Smith Guidance），審計委員會也有責任監督公司內部控制的效率與效能。外部稽核人員則負責提稽核報告給公司股東。

2. IIA 內部稽核的新定義

IIA（The Institute of Internal Auditors）對內部稽核作如下的定義：內部稽核是種獨立的、具備客觀的與諮詢的活動，這些活動旨在增進組織價值與改善組織的營運。它藉由系統化與組織化的方法協助組織評估與改善風險管理、控制與治理過程的效能以達成組織目標。

3 稽核風險與內部稽核的新職能

內部稽核新職能的工作程序，首先，要檢視風險管理程序是否有效？如果無效，則內部稽核人員應重新檢視目標、協助辨識風險與協助檢視營運活動易發生的風險。相反的，如果檢視風險管理程序是有效的，那麼，內部稽核人員應盡可能以組織的風險觀點，檢視風險的範圍，決定稽核工作範圍及重點，進而依風險高低執行分析性覆核。

其次，針對個別風險覆核風險管理程序是否滿足適足性？如程序不適足，重新協助評估及辨識風險。如程序適足，則要確保風險管理的執行。最後，再次確認所有的程序皆如期執行並持續改進。上述風險基礎的內部稽核（RBIA：Risk-Based Internal Auditing）新職能，其工作程序參閱圖 12-1。最後，稽核工作也可能存在稽核風險（AR：Audit Risk）。

4. SAC 與 eSAC

內部稽核與內部控制密不可分，本項內容亦可列入前列單元中。內部稽

核研究基金學會結合資訊系統稽核與控制（SAC：Systems Auditability and Control）以及電子商務，發展成電子系統的確保與控制（eSAC：Electronic Systems Assurance and Control），其目的是在了解、監督、評估與減緩資訊科技風險。eSAC 中的風險包括詐欺、失誤、營運中斷與資源無效率無效能的使用。eSAC 控制的目標則在於降低這些風險並確保資訊的正確，資訊安全與各項標準的遵循。

圖12-1 RBIA 稽核程序

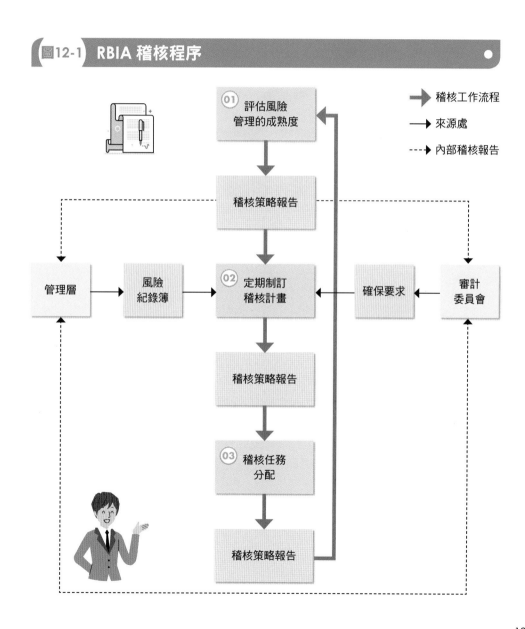

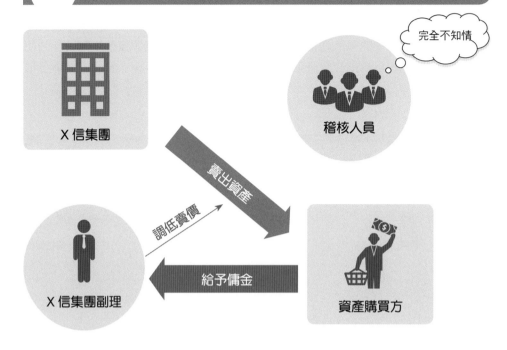

圖12-2　稽核風險

X 信集團

完全不知情

稽核人員

賣出資產

調低賣價

給予傭金

X 信集團副理

資產購買方

話險為疑

1. eSAC 包括哪些風險？

2. AR ＝ IR×DR×CR。IR(Inherent Risk) 是 固 有 風 險，DR(Detection Risk) 是偵測風險，CR(Control Risk) 是控制風險。請搜尋這三者的涵義。

3. 審計委員會的獨立監督，在組織治理與風險管理非密合的情況下，獨立監督辦得到嗎？

12-2 風險管理績效評估

任何管理均須作績效評估，本單元說明風險管理的績效評估。

1. 評估的必要性

風險管理績效評估的必要性在於控制績效與適應變局。控制績效是為了配合目標與政策，適應變局是法令、資源、成本效益均會因風險的動態改變而產生變化。因此，定期調整既定的決策，以適應新的環境是相當重要且必要的。

2. 評估的標準

績效評估需一套標準，可根據風險管理政策，亦可根據一些行業指標。性質上可歸兩類標準：

一、行動標準。例如：KRI 指標，每個月規定召開一次安全會報，一年檢查一次消防系統，詳細閱讀與檢視保險單的每一條款，或定期監控每一作業風險監控點等；

二、結果標準。例如：KPI 指標，員工可能遭受殘廢的機會應由 5% 降為 2%，RAROC 報酬率要提升至 13% 等。

3. 修正與調整差異

有了評估標準須修正與調整實際績效與評估標準間的差異。要完成此一步驟，首先，應注意以下四點：

(1) 實際績效本身要能被客觀測度。

(2) 測度出來的實際績效要能被人所接受。

(3) 衡量的尺度標準須具代表性。

(4) 差異程度應具顯著性。

其次，才進行差異程度的調整。一般調整差異的步驟是：

(1) 先正確地辨認發生差異的原因。

(2) 了解差異原因的根源。

(3) 與相關人員進行討論。

(4) 執行適切的調整計畫。

(5) 繼續評估回復標準所須採取的調整行動。

4. 績效衡量指標與報告

(1) RAROC、RME、COR／Sale 的比例與質化效標

衡量指標包括量化指標與質化效標。量化指標的 RAROC 的概念前已提及，經濟價值加成或經濟利潤除可做控制手段外，也是重要的績效衡量指標。這常見於金融保險業的風險管理績效衡量。

風險管理效能（RME：Risk Management Effectiveness）指標則常見於非金融保險業，其意指某期間的銷售額的標準差除以某期間的報酬標準差。RME 值愈高，代表風險管理上，針對風險因子變動有極佳的回應力，進而愈能穩定報酬。風險成本（COR）（例如：保險費等）與銷售額的比例，是早期用來衡量危害風險管理成本效能（Risk Management Cost Effectiveness）的指標。其次，質化效標可參考 S&P 各質化效標，例如：經濟資本模型是否有配合需求調整？

(2) 績效報告

最後，績效要以書面報告呈現，例如：年度績效報告書，各風險 VaR 值報表等。

圖12-3 行動標準

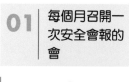

01 每個月召開一次安全會報的會

02 一年檢查一次消防系統

03 詳細閱讀與檢視保險單的每一條款

圖12-4 結果標準

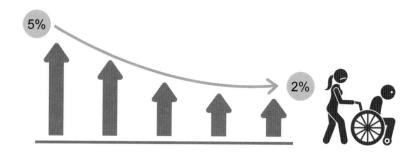

5%

2%

表12-1 VaR 值報表

	某年度 VaR 值			某年度 12/31 VaR 值	去年度 12/31 VaR 值
	平均值	最低值	最高值		
財務風險					
市場風險等	*****	****	***	***	****
作業風險	***	***	***	***	***
危害風險	***	***	***	***	****
減風險分散	＿＿	＿＿	＿＿	＿＿	＿＿
VaR 值總計	****	***	***	****	****

圖12-5 年度績效報告書簡略樣本

某年度風險管理績效報告

1. 前言　　　　　　　　　XXXXXXX
2. 風險控制績效　　　　　XXXXX
3. 風險融資績效　　　　　XXXXXX
4. 風險溝通　　　　　　　XXXXX
5. 危機管理與 BCM　　　　XXXXX
6. 檢討與建議　　　　　　XXXXX
7. 結語　　　　　　　　　XXXX

話險為疑

1. 所有組織活動均伴隨風險，所以想想風險管理績效真能獨立衡量嗎？
2. 除文中所提之外，各舉一個行動標準與結果標準。
3. COR 除了保險費外，還有哪些？

Chapter 13

個人與家庭風險管理

13-1 個人與最小團體的風險管理

13-1 個人與最小團體的風險管理

1. 風險識別

個人或家庭可能遭受的風險,可具體細分為七大類:

第一類　利率與匯率波動等引發的財務風險。例如:來自個人與家庭持有的外幣存款等。

第二類　汽車房屋等財產可能遭受的實質毀損。例如:來自天災地變、人為偷竊與火災等的風險。

第三類　個人與家庭成員死亡的風險。例如:起因於意外事故或終極老死。

第四類　個人與家庭成員的傷病風險。例如:燒燙傷與肝病住院的風險。

第五類　個人責任風險。例如:高爾夫球員責任風險等。

第六類　個人與家計主事者,因傷病導致的收入中斷與醫療費用增加的風險。

第七類　退休金準備不足的風險。

2. 風險評估

風險評估相關的專業過程與組織風險評估雷同,稍異處有二:

第一、個人與家庭風險評估較為簡單。

第二、風險組合效果對個人與家庭而言較為有限,原因是個人與家庭風險單位數或曝險個數不如組織多。

3. 風險應對

風險控制方面,例如:定期的身體健康檢查,多運動等是重要的人身風險防治手段。再如,汽車的定期保養等均是控制財產風險的方法。風險融資方面,主要依賴保險。

以投保死亡壽險為例,分析整個家庭在其主事者突然往生後,需求的類別與程度。一般而言,需求類別有四大類:

(1) 個人喪葬費用。

(2) 家庭其他成員的生活費用。

(3) 子女教育基金。

(4) 各類債務。

其次,估計往生時,可能有那些財務來源,一般而言,可分三大類:

(1) 銀行存款與可立即變現的資產。

(2) 各類保險給付。

(3) 其他收入。

　　當需求總計數高於財務來源總金額時，顯然，整個家庭在其主事者突然往生時，有立即的保障需求。反之，整個家庭暫時對此需求並不急迫。

4. 個人退休規劃

　　所得替代率是以一定期間收入為基礎，將收入扣除所得稅、工作費用與儲蓄的餘額除以收入而得。如結果為百分之五十五，表示退休後收入為退休前收入的百分之五十五，即可維持與退休前同樣的生活水準。之後，考量個人的平均餘命年數，即可計得退休後所需生活費用總額。其次，考量必要的醫療費用。身體狀況好，則考慮旅遊的費用。藉由此基本過程，估算出退休後的資金需求，再估算退休後的資金來源。兩者間的差額，即為須考慮的準備金額（需求大於來源時，且不考慮通膨因素與其他因素）。

圖13-1　生命週期與經濟收支

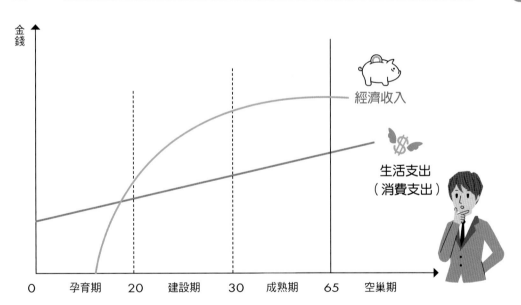

圖13-2 死亡壽險規劃過程

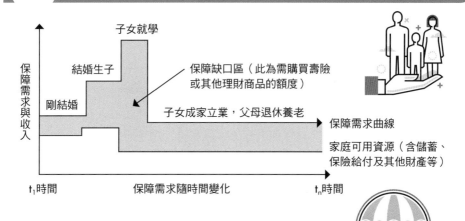

保障需求與收入

子女就學

結婚生子

剛結婚

保障缺口區（此為需購買壽險或其他理財商品的額度）

子女成家立業，父母退休養老

保障需求曲線

家庭可用資源（含儲蓄、保險給付及其他財產等）

t_1時間　　　　保障需求隨時間變化　　　　t_n時間

表13-1 傳統與非傳統壽險間的比較

比較項目	傳統壽險	非傳統（變額）壽險
風險轉嫁	利差、死差與費差風險由保險公司承擔	利差風險被保人承受，死差與費差風險通常有保證
保險金額	固定	隨投資績效變動
交付保險費	定期	彈性
商品基本類型	定期、終身、養老、年金壽險	變額壽險與年金
會計處理	一般帳戶	分離帳戶
稅負	保險給付免稅	投資收入要繳稅

話險為疑

1. 人活得太久最擔心什麼？壽比南山好嗎？
2. 老人的失能長照保險該由商業保險承辦嗎？從不同政治體制說明你的想法。
3. 網路搜尋一下，以房養老會有什麼風險？
4. 退休規劃須考慮哪些因素？
5. 評論一下現代人該養兒防老？還是養老防兒？還是「養」保險防老？

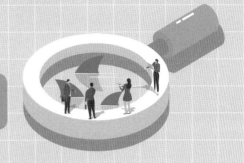

Chapter **14**

公部門風險管理

14-1 公共風險管理的特質

公部門風險管理的主體包括政府機構與國家，又可稱為公共風險管理，其內容性質自然有別於前所提及的私部門風險管理，雖然兩者間風險管理實施過程相同。

1. 公共風險的定義與特質

公共風險有下列六項特質：

第一、透過自由市場機制無法有效地將風險的負擔分配至應負責或有能力承受風險的一方時。例如：掩埋場的設置可能引發的風險。

第二、透過自由市場價格機制無法合理反應風險所導致的成本時，換言之，即有外部化現象的風險。例如：工廠水汙染風險。

第三、源自政治操作過程的風險。例如：台灣朝野政黨對各種議題角力可能引發的風險。

第四、源自對基本人權保護的風險。例如：台灣高雄泰勞事件可能引發的風險。

第五、處於不確定最高層的風險。例如：太空冒險初期或剛爆發非典（SARS）時。

第六、已成公共議題的風險。例如：台北邱小妹轉診事件經媒體報導後，引發公眾討論時。

最後，針對公共風險定義如後：「公共風險是涉及公共事務與公眾利害關係的風險，這公共事務與公眾利害主要與人權保障、利益平衡以及社會公平的確保有關」。

2. 政府治理

政府治理可指以倫理公平及負責的態度，導引與合理確保政府機構順暢營運與完成目標的所有政策與程序而言。

政府治理六大原則如後：

第一、政府機構在民眾服務方面，應制定清楚的目標與預期的服務成果，且要能確保使用者認為服務品質好，納稅人認為繳稅繳得值。

第二、要能很有效率地執行相關的服務與其扮演的角色。

第三、要能提升政府機構的整體價值，且要能證明價值已融入服務過程中。

第四、採用公開透明的決策過程，確保風險管理的效能。

第五、政府機構服務人員應具備應有技能、經驗、知識與責任感以確保治理的有效性。

第六、政府機構與特定利害關係人（例如：政府委外專案）間，應透過對正式與非正式責任關係的了解，採取積極有計畫的作為對民眾負責，使專案的執行能有效率且公開。

3. 公私部門風險管理間的比較

第一、政府機構不是商業組織不以營利為目的，政府機構從事風險管理是謀取人民的最大社會福祉，也就是提升公共價值，這有別於公司價值。

第二、政府機構風險管理與專業組織（例如：美國公共風險管理協會）的發展歷史均比私部門為短。

第三、在預算範圍內，政府機構風險管理的決策通常會涉及社會公平正義的倫理價值問題（例如：跨代公平等），這與私部門的決策考量有別。

第四、私部門風險管理財務導向色彩濃厚，但公部門風險管理以財政兼重社會公平為導向。

第五、如果民眾對政府無信任感，公部門風險管理將無績效可言。

圖14-3 諾蘭原則（Nolan Principles）

無私原則與
正直原則
01

客觀性原則
與當責原則
02

公開原則與
誠實原則
03

領導力原則
04

英國諾蘭爵士（Lord Nolan）制定的諾蘭原則原為服務政府公職的個人使用，但該原則也影響第三部門的非營利組織（例如：志工組織等）治理。

表14-2	非營利組織（第三部門）治理原則
第 1	受委託管理人組成的最高委員會或理事會，應具備完成組織目標、戰略、發展方向的領導力。
第 2	委員會或理事會應負責任的確保與監督組織能有效執行相關事務並符合所有法令要求。
第 3	委員會或理事會應負責任能達成組織的高績效。
第 4	委員會或理事會應定期自我評估與評估組織的效能。
第 5	委員會或理事會應清楚地授權給下設的各單位。
第 6	委員會或理事會及所有受委託管理人，應具高道德標準。
第 7	委員會或理事會處理所有事務，應透明公開。

圖14-4 公共風險

圖片來源：自由時報https://news.ltn.com.tw/news/life/breakingnews/1910002

話險為疑

1. 想想社會主義與資本主義，何者對公部門風險管理有利？
2. 想想國防部風險管理與國防安全概念相同嗎？
3. 社會信任與社會高度質疑，何者有利政府機溝風險管理？為何？

Chapter **15**

人本與傳統風險管理間的比較

15-1 人本與風險心理

人是風險的最大來源，因此，從風險的心理人文面，探討風險管理是有必要的。

1. 風險感知

風險感知以感覺為基礎，它涉及人們的留意、詮釋與記憶的心理歷程，顯然，與人腦的思考系統有關。心理學者們研究發現，人們對風險了解的構面（參閱圖 15-1 中的風險知曉構面）與心理感受的衝擊是否最大，也就是害怕構面（參閱圖 15-1 中的巨大風險構面），最能解釋人們風險感知差異的百分之八十。風險感知是前面所提風險溝通的基礎。風險感知會影響風險容忍度的決定，風險感知也會影響風險態度，之後就影響行為。反過來說，行為也會影響態度，進而改變風險感知。

2. 風險態度

風險態度就是人們對風險憑其認知與好惡，而外顯在外相當持久的行為傾向。前提及的效用理論與前景理論，均與人們的風險態度有關。其次，風險態度可透過問卷，測量人們對風險態度的強度。

3. 人為疏失

人為疏失是作業風險的重要來源，它分兩種，一為人為錯誤，另一為違背或稱犯規。前者是，非故意地偏離標準或規範；後者，則屬有意地違反標準或規範。

4. 情緒與風險

情緒是人們面臨某人、事、物時的一種心情狀態，在風險領域中，人們的情緒狀態如何影響風險感知與風險行為，是值得留意的課題。

5. 危機下的心理與決定

危機潛伏期間最常出現的心理狀態，就是抗拒、死不承認，這是危險的但也最常見。危機爆發後，會出現持續很長的心理創傷與被背叛的心理狀態。這些心理狀態都會影像人們在危機情況下的決定。

6. 應對風險行為方式的改變

從風險的心理面來看，人們改變對風險的思維與態度行為，是有助於提升風險管理的品質，進而創造組織利潤與價值。就個人而言，要改變行為，那麼，面

對風險時,別情緒化,且要學習不相信印象與表面所看到的,與設法轉變個人的世界觀。其次,組織團體要是建立優質的風險文化,人力資源部須密切結合風險管理。最後,政府最好扮演選擇建築師的角色,幫助人們改變風險應對方式。

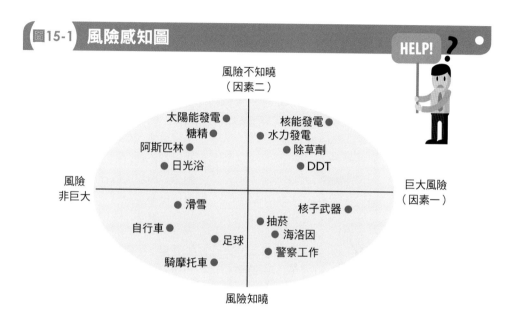

圖15-1 風險感知圖

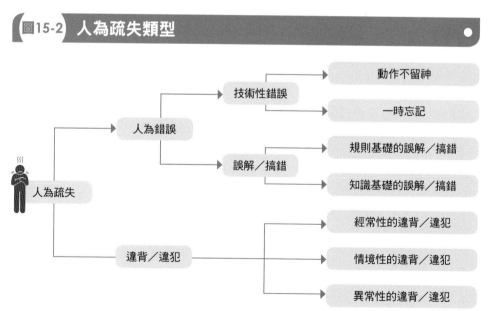

圖15-2 人為疏失類型

表15-1 人本與傳統風險管理間的比較

比較項目	傳統風險管理	人本風險管理
風險面向	實質與財務	心理人文
損失的認定	L＝X（L 損失；X 結果）	L＝Rf—X（L 損失；X 結果；Rf 參考結果）
管理目標	提升價值	提升價值
達標的方式	透過安全控管與風險融資	透過風險認知與風險行為的改變
具體作為	安全工程、安全管理、衍生品與保險	風險溝通、框架、教育訓練
決策理論	效用理論	前景／展望理論
可靠度	重機械可靠度	重人因可靠度
風險哲學基礎	實證論	實證與後實證論
相關學科	安全工程科學、毒物流行病學、經濟財務、衍生品與保險學	心理學、社會學、文化人類學、哲學
風險概念	客觀風險	主觀風險與風險的建構

話險為疑

1. 為何人們在地震過後，搶買地震保險？
2. 為何人們對核能廠的輻射外洩會恐慌，但又放心照 X 光？
3. 為何災難風險來時，有些夫妻各自飛？

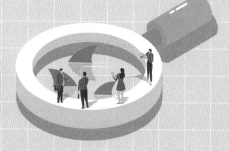

Chapter 16

黑天鵝領域風險管理心法

16-1 黑天鵝環境與風險管理

# 16-1　黑天鵝環境與風險管理

前提「風險管理實施」的各章，均屬常態環境下的風險管理。然而，在塔里布（Taleb,N.N.）所稱的黑天鵝環境領域，前面所提的內容，塔里布不認為會管用，在這領域他所建議的風險管理心法值得留意。

1. 什麼是黑天鵝？

簡單說，大家認為很可能發生的事，卻沒發生，不可能發生的事，卻發生了，這就是黑天鵝現象。長久以來，大部分人對天鵝的印象是白的，有天突然看到天鵝是黑的，會作何感想？生活上，這種超乎預期超乎想像的事件，總偶爾發生。例如：2008 ～ 2009 年發生的金融海嘯。

2. 黑天鵝領域的範圍

根據塔里布的說法，我們生活的世界或環境可分四類：

第一類就是二元報酬的常態環境。二元報酬就是事件的結果，不是真就是假，或不是生就是死，不是當選就是落選，股價不是漲就是跌等。

第二類是複雜報酬的常態環境。複雜報酬就是預測事件結果的期望值。例如：預測火災損失期望值屬此類。再如，流行病期間的預期死亡人數也屬此類。

第三類是二元報酬的極端環境。

第四類是複雜報酬的極端環境。只有第四類是塔里布眼中的黑天鵝領域。塔里布認為，之前所提的風險評估方法與 VaR 模型在前三種環境下，做風險評級預測還管用，但在黑天鵝領域環境下，不但使不上力，如照用，那是極危險的事。換言之，在黑天鵝領域的風險管理，本書之前所提的方法與模型，就該放棄不用。

3. 黑天鵝領域的風險管理心法

針對黑天鵝領域的風險管理，塔里布建議應該想辦法，從黑天鵝環境移入第三類環境，也就是用簡單代替複雜。他建議的重要心法，部分節略如下：

第一、改變曝險情形，例如：減少持有的美金或想辦法變多職人，這樣金融風暴再出現，不利的衝擊可縮小。

第二、在黑天鵝領域別相信任何風險模型，不用模型比用模型好。

第三、在黑天鵝領域別把沒有波動性與沒有風險混為一談。

第四、在黑天鵝領域要小心風險數字的表達。

第五、在黑天鵝領域要讓時間決定個人績效，例如：銀行長期績效不好，高

階主管卻每年領高薪與高額獎金，那是不尊重時間。

第六、在黑天鵝領域避免最適化，學習喜歡多餘。例如：別只有一種專長，要學會第二專長。

第七、在黑天鵝領域避免預測小機率事件的結果。

第八、在黑天鵝領域小心極端罕見事件的非典型性。

最後，人們如何在黑天鵝領域面對經濟生活，塔里布建議十項原則。例如：人們不應該利用複雜的金融資產作為財富的儲藏庫，因人們自己無法掌控。再如，人們別碰複雜的金融商品，因很少人有足夠的理性去了解。

圖16-1 塔里布的環境分類

極端環境　　　常態環境

二元報酬

安全　**3**　　**1**　極安全

黑天鵝領域　**4**　　**2**　安全

複雜報酬

圖中「安全」的意思，是指過去所學風險管理模型方法，可放心使用，可獲得財富與健康安全的結果。黑天鵝領域就該放棄過去所學。

圖16-2 小孩玩炸彈

太過複雜的金融商品，即使有標警示，政府也該立法禁止人民投資，猶如小孩不可以玩炸彈一樣。

圖16-3 多職人可躲金融風暴

話險為疑

1. 《黑天鵝效應》（*The Black Swan: The Impact of the Highly Improbable*）這本翻譯書，你是否看過？如看過，有何感想？
2. 有云「生活簡單就是美」，你認為符合黑天鵝效應書中所提的哲理嗎？
3. 即使科技發展神速，人真能掌控未來嗎？

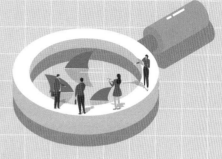

Chapter 17

全視角風險管理專題

17-1 風險的文化建構理論

第二章提及的風險理論，傳統上的哲學基礎是實證論。以反傳統的後實證論為哲學基礎的是風險的建構理論，這是 1980 年代新興的風險理論。建構理論中又以風險的文化建構理論，最受傳統風險理論領域學界所重視。所謂風險建構指的是社會文化條件決定那個社會的風險。本單元説明風險的文化建構理論之要旨。

1. 文化建構理論的風險議題

風險的文化建構理論有四項研究議題：

第一個研究議題是，為何某些危險被人們當作風險，而某些危險不是？

第二個議題是，風險被視為逾越文化規範的符號時，它是如何運作的？

第三個議題是，人們對風險反應的心理動態過程是什麼？

第四個研究議題是，風險所處的情境是什麼？

2. 道格拉斯與風險的文化建構

風險的文化建構理論創建人道格拉斯（Douglas, M.）關注分類系統、危險與風險間的關係。她與韋達斯基（Wildavsky, A.）合著的《風險與文化》以及她另一著作《社會科學基礎的風險可接受性》對傳統風險管理的思維與方法衝擊很大。主要是因為風險的文化建構理論，不僅提供了新的理論基礎，它的群格分析（GGA：Grid-Group Analysis）模式也提供了，從事社會團體行為實證分析的另類可能。

3. 群格分析模式與文化類型

群格分析模式是依據團體內聚合度的強弱，也就是「群」（Group）的強弱，以及團體內階層鮮明度，也就是「格」（Grid）的鮮明程度，將文化分為四種類型：一是聚合度弱與階層不鮮明的團體，屬於市場競爭型文化（Individualist）。

二是聚合度強但階層也不鮮明的團體，屬於平等型文化（Egalitarian）。

三是聚合度強與階層極鮮明的團體，屬於官僚型文化（Hierarchist）。

四是聚合度弱與階層鮮明的團體，屬於宿命型文化（Fatalist），參閱圖 17-1。

4. 驚奇理論與文化的改變

文化不是靜態的，湯普生等人（Thompson, M. ,et al）發展了這四種文化類型動態改變的理論，換言之，四種的風險文化類型會因人們對文化的不同而產

生驚奇（參閱圖 17-3），由小改變漸演化成群體文化類型的轉換。其次，湯普生等提出了十二種文化類型的改變。例如：由宿命型文化改變成市場競爭型文化，就是窮人突然致富時的情境，俗稱暴發戶。反過來，由市場競爭型文化改變成宿命型文化，就是富人遭意外破產的情境。不管是暴發戶或破產，均使人改變世界觀，文化類型就可能改變。

圖17-1 文化類型

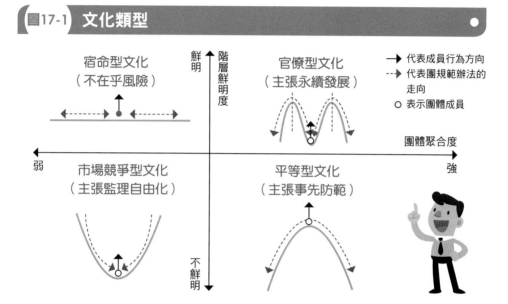

圖17-2 文化臉譜

 市場競爭型文化的人，認為風險是樂觀的。如果他是債務人，因對信用風險持樂觀看待，在還債條件規範下，有延遲或提早付款的傾向，這種人還債是會還的，只是延遲或提早帶來的影響樂觀看待，看圖17-1的左下，球可跳來跳去，但不會跳出來。

 平等型文化的人，認為風險是危險的。如果他是債務人，因對信用風險持危險看法，在還債條件規範下，提早付款的可能性高。不付款或延遲付款都會被認為是危險的事。看圖17-1的右下球，稍動一下，就下來。

 官僚型文化的人，認為風險是可控制的。如果他是債務人，因對信用風險持控制看待，在還債條件規範下，一定會準時付款的傾向高，但不會提早或延遲付款。

 宿命型文化的人，對風險是不在意的。如果他是債務人，因對信用風險不在意，在還債條件規範下，不付款的可能性高。

圖17-3 驚奇分類圖

自我想法的世界 ＼ 真實世界	宿命型文化	平等型文化	市場競爭型文化	官僚型文化
宿命型文化		沒有意外收穫	不靠運氣	不靠運氣
平等型文化	事事小心沒有用		輕鬆快樂	輕鬆快樂
市場競爭型文化	好技能無法獲得鼓勵	完全反差		部分反差
官僚型文化	事事碰運氣	完全反差	競爭劇烈	

話險為疑

1. 政府機構通常屬於官僚型文化，環保團體通常屬於平等型文化，請解釋環保團體為何常就環境汙染風險抗議政府？
2. 請就風險的文化建構理論解釋法國人為何能接受核能，台灣卻常有人抗議核四？

17-2　IFRSs

國際財務報導準則（IFRSs：International Financial Reporting Standards）是財務會計領域，近年來，最重大的變革。這項變革影響深且廣，由於公平價值是 IFRSs 評價資產與負債的基礎，因此，不僅包括財務會計學界，也幾乎包括所有行業的風險管理、財務會計處理與稅務及監理，均受其影響。台灣政府於 2012 年是採雙軌並行制，也就是原有的台灣會計準則與 IFRSs 並行，嗣後，全面採行 IFRSs。

1. IASB 與 IFRSs

國際會計準則理事會（IASB：International Accounting Standards Board）的前身是國際會計準則委員會（IASC：International Accounting Standards Committee）。IFRSs 就是由 IASB 制定發布。負責制定 IFRSs 的 IASB，其主要職責有二：一為依據已建立之正當程序制定及發布 IFRSs；二為核准 IFRSs 解釋委員會對 IFRSs 所提出的解釋。另一方面，世界各國接軌使用 IFRSs 的情況，亦值得留意，尤其美國與中國。

美國的一般公認會計準則（GAAP：Generally Accepted Accounting Princciple）在 IFRSs 發布前，一向為各國遵循，包括台灣。GAAP 是以規則為基礎（Rule-Based），在此基礎下，會計人員可卸責，但 IFRSs 是以原則為基礎（Principle-Based），在此基礎下，會計人員難卸責。美國由於是世界強國，且也可說是世界經濟的中心所在，因此，接軌 IFRSs 可能爭議多，但美國的證券交易委員會（SEC：Securities Exchange Committee）仍決定在過渡期之後，強制接軌 IFRSs。至於中國，則在其制定其本國會計準則時，會參考 IFRSs，但仍存在部分重大差異。

2 IFRS 4

所有 IFRSs 準則對所有的企業會計與風險管理，均有深度的影響。以 IFRS 4 為例，IFRS 4 對一般企業公司以保險作為風險轉嫁工具時，以及對保險公司的經營言，是息息相關的。IFRS 4 相關規定包括：①何謂保險合約；②範圍；③認列與衡量；④揭露；⑤未來發展。IFRS 4 對保險合約的定義，係指當一方（保險人）接受另一方（保單持有人）之顯著保險風險移轉，而同意於未來某特定不確定事件（保險事件）發生致保單持有人受有損害時給予補償之合約。該合約須包括四項主要要素：①未來特定不確定事件之規定；②保險風險之意義；③保險風險是

否顯著移轉；④保險事件是否致保單持有人受有損害。

3. IFRSs 對台灣保險業的衝擊——以壽險業為例

　　IFRSs 對壽險業，總體來說，對下列特定問題會有重大衝擊：

　　第一、以公平價值為基礎的資產負債評價問題。

　　第二、會計科目的問題。

　　第三、營利事業所得稅的問題。

　　第四、保險合約的問題。

　　第五、相關法令配套與衝突問題。

　　第六、IFRSs 專業人才不足問題。例如：以第一點來說，以公平價值為基礎
評價壽險業的資產負債將使其股價產生變化，從而關聯到利害關係人的權益。

圖17-4　IASB 架構

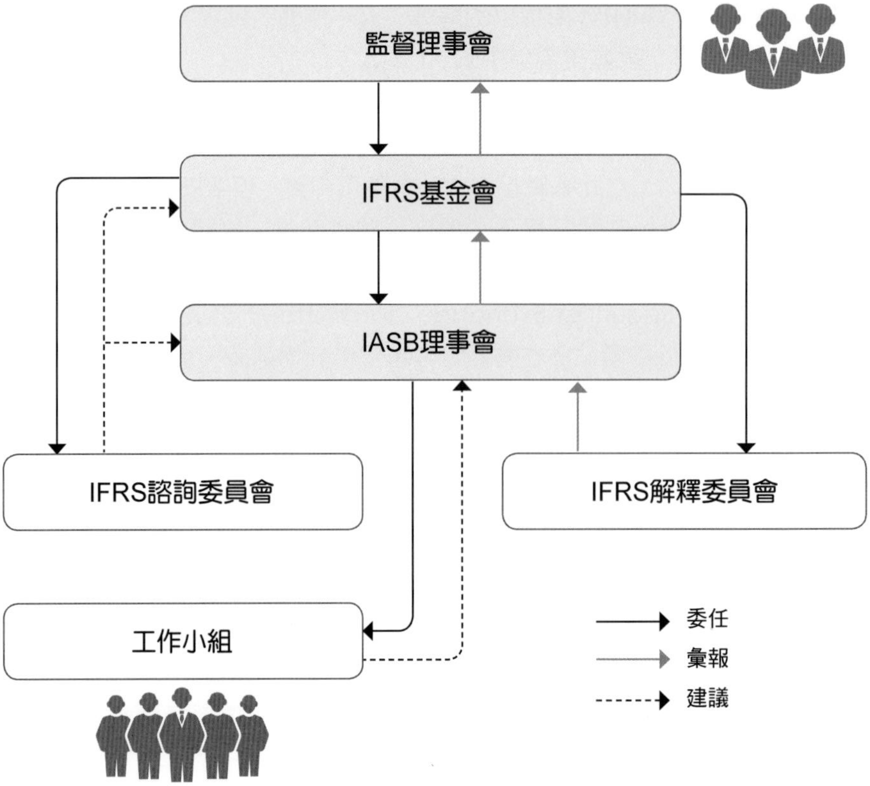

圖 17-5　IFRS 4

話險為疑

❶ IFRSs 是以原則為基礎，在此基礎下，為何會計人員難卸責？

❷ 請你搜尋公平價值的定義。

❸ 請你搜尋何謂顯著的保險風險移轉？

購併已成企業公司擴大規模的重要手段，但失敗率高。因此，本單元說明購併風險管理的要旨。

1. 購併基本概念

購併是法律用語中，收購與合併的簡稱。收購分為收購股權與收購資產。收購股權後，收購者自然成為被收購公司的股東。因此，收購者當然承受被收購公司的債務。收購資產並不承受被收購公司的債務，它僅能被視為一般資產的買賣行為。收購股權採用的方式有兩種：一為收購股份；另一種是認購新股。

收購股權時，對被收購公司的債務，在成交前需對債務調查的一清二楚，尤其可能發生的或有負債。收購資產要留意的是資產有無抵押貸款，這個抵押貸款，收購者常需負連帶清償責任。其次，合併在法律上則有存續合併（或稱吸收合併）與設立合併（或稱創新合併與新設合併）兩種。依台灣法律，存續合併後，存續的公司應申請變更登記，消失的公司應申請解散登記。設立合併是雙方公司均解散而另設立公司，因此，新公司要辦申請設立登記。

2. 購併風險的類別

購併風險主要有六大類：

第一類是來自地理位置的風險。

第二類是來自產品的風險。

第三類是與被購併對象公司員工有關的風險。

第四類是來自被購併對象公司董事與高階主管法律訴訟的風險。

第五類是來自購併價金的財務風險。

第六類是來自智慧財產權無法順利移轉的風險。

3. 購併風險的管理

購併風險管理重在解決重大問題。第一大類是針對對象公司的保險與風險管理要做稽核與評估。第二大類是對資產負債的防護。對購併價金可採取遠期外匯市場與外匯選擇權來避險。其次，就對象公司風險與其他資產的防護，具體措施包括：

第一、就智慧財產順利移轉言，進行購併的公司可採三項防護措施：①降低智慧財產的收購價；②要有損害賠償的擔保條款；③交叉授權，由購併公司續授權對象公司使用智慧財產。

第二、退休金債務防護。進行購併的公司風險管理部門，如無壽險精算師，最好能聘請壽險精算師精確評估退休金債務。

第三、環境汙染責任的防護。對象公司如有遭受汙染的土地，資產不但很難變現也很難獲得銀行的貸款。因此，可採取幾項防護措施：①購併談判階段，立即排除此類資產；②縱使一定要購併這類的土地資產，一定要責成對象公司承擔清理成本並且不能將這些成本從購併價金中扣除，等對象公司清理乾淨後，才進行交錢與簽約；③購併合約中，加入延遲付款與有條件付款的約定。

第四、與被購併對象公司員工有關風險的防護，這些措施包括：①做員工家庭背景調查；②測謊篩選；③強化警衛等安全措施；④強調懲罰犯偷竊的員工之政策。

圖17-6　收購股權

收購者

收購股權

成為公司股東

圖17-7　收購資產

收購者

收購資產

不須承受被收購公司的債務

圖17-8 存續合併

存續的公司 → 申請變更登記

消失的公司 → 申請解散登記

依台灣法律，存續合併後，存續的公司應申請變更登記，消失的公司應申請解散登記

圖17-9 設立合併

雙方公司皆解散

→  設立合併 →

申請設立登記

圖17-10 退休金債務防護

進行併購公司的風險管理部門

最好聘請壽險精算師精確評估對象公司退休金債務

話險為疑

❶ 購併時，該如何防範承擔環境汙染責任？

❷ 購併風險有哪些？

❸ 說說購併失敗率為何常飆高？

17-4　國際信評與信用風險

2008 ～ 2009 年間，發生的金融風暴，美國的 AIG 集團國際信評等級是 A 級以上，結果 AIG 可是元凶之一。信評等級有用嗎？信用風險計量可靠嗎？其實這些都是大問題。有云「人言為信」，信用風險本就與人的心理素質、誠信態度有關。完全相信信評等級與數字的信用風險值，在信用風險管理上是很值得商榷的。

1. 信用風險的性質

前已提及，信用風險是信用或抵押借貸交易，債權人的一方，面臨來自債務人的違約或信評被降級，可能引發的不確定。依此定義，信用風險是投機風險還是純風險？是財務風險還是非財務風險？嚴格來說，有討論空間，雖然常見信用風險歸類在財務風險，這種歸類可能的原因是，金融保險業常將其視為財務風險。

2. 信用風險值

風險值的計算前已提及，但不同風險的風險值計算的詳細過程不盡然會相同。有許多衡量信用風險的方法[1]，此處說明信用風險值的計算過程，其計算過程與市場風險值的計算有別。市場風險通常遵循常態分配或遵循 Student-t 分配[2]，但單一信用風險資產，其損失分配型態，雖受許多因素影響，往往不是常態分配，而常是一種長尾分配。信用風險值的估計，交易對手的信用評等，是信用風險值估計的核心。信用評等可對應交易對手可能的違約率（PD：Probability of Default）。例如：標準普爾（S&P）評定為 AAA 級的公司，其對應的違約率是 0.01%。評定為 CCC 級的公司，其對應的違約率是 16%，參閱表 17-1 的國際信評機構信評等級與違約率對應表。其次，估計信用風險值還需考慮違約損失（LGD：Loss Given Default）與違約曝險額（EAD：Exposure at Default）。也就是在特定信賴水準下，特定期間內，信用風險值（Credit VaR）的公式為：

$$信用風險值 = LGD \times EAD \times \sqrt{PD \times (1-PD)}$$

1　例如：信用風險矩陣法、內部模型法、精算技術法等極多方式。

2　VaR 源於 Student-t 分配的機會，可能高於常態分配。

3. 改善信用風險應對與國際信評機制的看法

應對信用風險除第十章所提的方法外，可採用圖 17-2 所提的文化臉譜概念，採問卷設計方式，額外考慮債務人對風險的看法。就原信用風險計分外，再加減計分（以原計分為基準，平等型與官僚型文化者均可加分，市場型與宿命型文化者都減分，理由見圖 17-2），重新調整債務人信用評等等級。另外，國際信評機構採用的信評機制，亦可考慮前列建議，納入債務人對風險的看法，進一步調整其信用評等的高低。總之，所謂信用，無論是對個人或公司組織的信用，授信機構考慮其誠信正直的要素永不落伍，別只信數字。

表17-1　信評等級與違約率對應表

信評機構		評級						
穆迪	Moody's	Aaa	Aa	A	Baa	Ba	B	Caa
標準普爾	S&P	AAA	AA	A	BBB	BB	B	CCC
違約率	PD（in%）	0.01	0.03	0.07	0.20	1.10	3.50	16.00

表17-2　保險業與貝式評等（Best Rating）

等級代號	安全的貝式評等
A^{++} 與 A^+	卓越
A 與 A^-	優良
B^{++} 與 B+	很好
等級代號	脆弱的貝式評等
B 與 B^-	普通
C^{++} 與 C^+	薄弱
C 與 C^-	脆弱
D	不良
E	主管機關監管中
F	清算中
S	暫停評等

表17-3 貝式財務表現評等（FPR：Financial Performance Rating）

等級代號	安全的 FPR 評等
FPR9	極好
FPR8 與 7	很好
FPR6 與 5	好
等級代號	脆弱的 FPR 評等
FPR4	普通
FPR3	薄弱
FPR2	脆弱
FPR1	不良

貝式評等簡介

　　國際信評 S&P、Fitch、Moody 等以銀行證券業評等為主，雖然也做保險業評等。僅做保險業評等的機構是成立於 1899 年的美國 A.M.Best 公司。其發行的 Best's Review 雜誌，是保險實務領域的重要參考雜誌。

話險為疑

1. 信用評等級極優的個人或組織，為何還是會失控？其內外部原因可能是什麼？
2. 信用風險是投機風險還是純風險？是財務風險還是非財務風險？為何說有討論空間？
3. 信用風險值計算公式為何？

17-5 人為疏失與作業風險

作業風險涉及組織的管理制度、過程與員工，核心因素就是人。只要是人就會犯錯，所以本單元說明人為疏失的問題。

1. 人因可靠度

簡單說，人為疏失高，就是不可靠。反之，就是可靠，參閱圖 17-11。系統可靠度包括機械的可靠度與人的可靠度，兩者的乘積即為系統可靠度的大小。人為疏失類型與人因可靠度有關。

2. 人為疏失的原因

人為疏失是風險事故的來源，相反的，人們面臨風險情境時，也容易造成疏失，其原因無非是風險本身容易影響人們的決策判斷。

造成人為疏失最為典型的原因分別是：

(1) 屬於個人因子部分，包括：①個人技術與才能低落；②過於勞累；③過於煩悶沮喪；④個人健康問題。

(2) 屬於工作因子部分，包括：①工具設備設計不當；②工作常受干擾中斷；③工作指引不明確或有遺漏；④設備維護不力；⑤工作負擔過重；⑥工作條件太差。

(3) 屬於組織環境因子部分，包括：①工作流程設計不當，增加不必要的工作壓力；②缺乏安全體系；③對所發生的異常事件反應不當；④管理階層對基層員工採單向溝通；⑤缺乏協調與責任歸屬；⑥健康與安全管理不當；⑦安全文化缺乏或不良。

3. 工作表現與錯誤類型

拉斯瑪森（Rasmussen, J.）的工作表現層級分成技術層級的表現、規則層級的表現與知識層級的表現。這三種工作表現也各分別對應三種錯誤類型。其次，三種錯誤類型，可以八個角度來觀察其差異，詳見表 17-4。

4. 人為疏失偵測

偵測人為疏失有三種方法，一個就是靠自我警覺，一個就是靠周遭的線索，最後靠外力協助，這外力包括科技儀器與他人。

首先，在優質的安全或風險文化氛圍下，員工的自我警覺性強，自我矯正的可能性高，其過程無非是透過信號進出的腦海迴路，偵測到疏失的訊息，進而進

行自我矯正。其次，靠周遭線索偵測疏失。例如：靠牽制，靠警告語句，靠跟別人聊等。最後，外力協助靠儀器，例如：電腦中打錯英文字時，字下方會出現紅色線或靠別人的提醒。

5. 錯誤偵測率與錯誤類型

根據研究，錯誤類型錯誤總數，相對的百分比是，技術型錯誤（SB）為 60.7%，規則型錯誤（RB）是 27.1%，知識型錯誤（KB）占 11.3%。至於錯誤偵測率，分別是技術型錯誤偵測率是 86.1%，規則型錯誤偵測率 73.2% 知識型錯誤偵測率 70.5%。

表17-4　三種錯誤類型的比較

觀察角度	技術型錯誤	規則型錯誤	知識型錯誤
活動型態	發生在日常性工作	發生在解決問題時的活動	
注意力	沒留意手上正進行的工作時	注意在與所要解決的問題之其他相關議題上時	
認知控制模式	屬於自動直覺認知模式		屬於有限意識理性認知模式
錯誤類型的可測性	大部分可測		不一定可測
錯誤數值與發生錯誤機會的次數相比	通常錯誤數目多，但占發生錯誤機會的次數比例低		錯誤數目少，但占發生錯誤機會的次數比例高
情境因子的影響	低度到中度區間，主要受內在本質因子的影響		高度，外來因子影響大
偵測的難易度	容易偵測且快速	難度高，常需藉助外力幫忙	
與改變錯誤的關係	改變不容易	何時與如何改變，無法知道	通常不準備改變

圖17-11 彈著點的分布

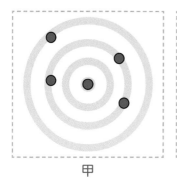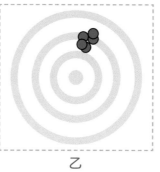

甲　　　　　　　　乙

說明：甲乙分別開槍射擊，射擊後，各彈著點都落入靶圖內，但點分布不同，甲的彈著點中，有一點落入靶心，但彈著點很分散，乙的彈著點都偏離靶心，但彈著點很集中。哪位可靠度高？

圖17-12 錯誤偵測率

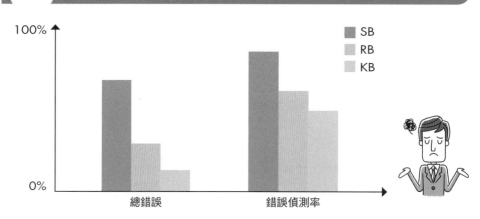

總錯誤　　　　　　錯誤偵測率

- SB
- RB
- KB

話險為疑

❶ 人們的技術型錯誤會發生在何種情況與條件下？

❷ 人為疏失要如何偵測？

❸ 長途開車容易疲勞出狀況，如果你是遊覽車公司老闆，有何良策降低可能的人為疏失？

17-6 政府與 SARF

風險訊息不只影響個人對風險的感知、態度與行為，也會透過風險訊息的串聯與人們的可得性捷思以及國家社會相關的訊息平台，影響他人甚至社會群體的風險感知、態度與行為。其次，風險不但能證券化，全球化，尤其社會化的建構過程與影響因素，政府必須深入了解，始能制定出符合該國社會大眾期待的公共政策。本單元以風險的社會擴散架構（SARF：Social Amplification of Risk Framework）說明風險訊號與風險事件在社會的擴散與稀釋過程。

1. 風險的社會擴散架構

過去，風險的社會心理研究，都較為零散，缺乏統合的研究架構，這些研究領域包括風險感知、風險溝通、風險與決策、風險與情緒等，事實上，這些研究領域間，存在密不可分的關係。因此，卡斯伯森（Kasperson, R.）等學者在 1988 年首次提出風險的社會擴散架構（SARF）。該架構主要在說明社會與個人因子如何影響風險的社會擴散與稀釋，進而產生後續多次的漣漪效應與衝擊。參閱圖 17-13。

2. 風險訊號

人們對可能產生風險事件的每一危險因素隨著時間，均會產生某種不同的符號或訊號，是為風險訊號（Risk Signal），這些符號或訊號都是種比方，例如：來自警察司法體系的危險因素，可能比方成鍾馗打鬼圖騰。這些符號或訊號可能成為社會訊號潮流（Signal Stream），這些訊號也會產生強弱的程度。其次，風險訊號的擴散與稀釋會同時發生在社會各個階層，某個階層在稀釋但某個階層同時在擴散。最後，經濟效益會是影響稀釋的重要因素。

3. 風險的烙印

當風險訊號進一步被汙名化，被烙印（Stigma）在人們腦海中時，就很容易引起風險往後的多次效應與漣漪效果，且更難控制。風險烙印就是貼標籤，這與人們對任何人事物都會貼上標籤一樣，使人們容易記憶。

4. 大眾傳播與機構團體組織的角色

在 SARF 架構下，風險溝通主要聚焦在媒體對風險數據與訊息的解釋與報導。其次，機構團體組織在 SARF 架構下是重要的風險訊號擴散與稀釋的媒介。

5. 風險的社會心理對政府政策制定的意涵

國家政府面對重大公共風險議題時，應考慮下面四點：第一、政府所提供的

風險訊息要簡單易懂，前後一致且禁得起考驗；第二、要確保風險訊息能被信任且可靠；第三、深入了解各類民眾的特性，所提供的訊息依民眾特性量身訂做；第四、透過各類論壇讓民眾共同參與，確保他們關心的事項能明確反映在政策中。

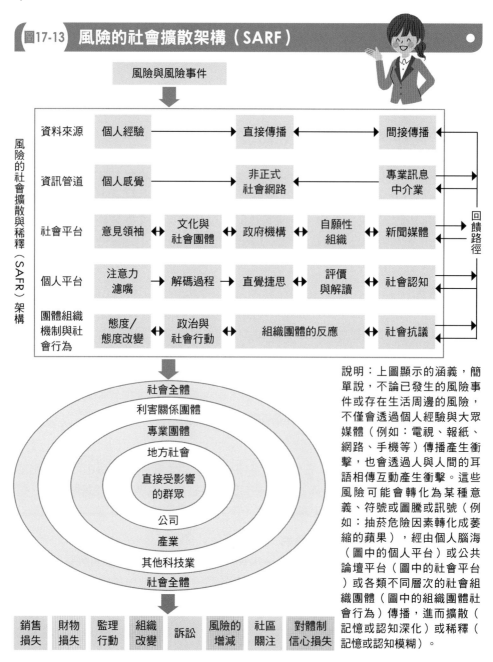

圖17-13 風險的社會擴散架構（SARF）

說明：上圖顯示的涵義，簡單說，不論已發生的風險事件或存在生活周邊的風險，不僅會透過個人經驗與大眾媒體（例如：電視、報紙、網路、手機等）傳播產生衝擊，也會透過人與人間的耳語相傳互動產生衝擊。這些風險可能會轉化為某種意義、符號或圖騰或訊號（例如：抽菸危險因素轉化成萎縮的蘋果），經由個人腦海（圖中的個人平台）或公共論壇平台（圖中的社會平台）或各類不同層次的社會組織團體（圖中的組織團體社會行為）傳播，進而擴散（記憶或認知深化）或稀釋（記憶或認知模糊）。

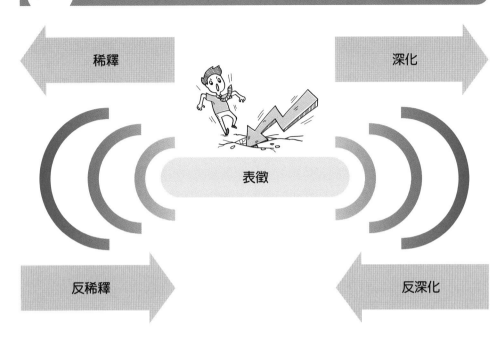

圖17-14 風險訊號的擴散與稀釋

稀釋　　　　　　　　深化

表徵

反稀釋　　　　　　　反深化

話險為疑

1. 風險資訊的傳播與人們的風險感知有關聯嗎？
2. 如果政府要對民眾買車作宣導，那麼，是宣導每公升油可跑幾公里？還是宣導每公里耗多少油，對民眾買車有利？想想這與本專題有何關聯？

17-7 設立專屬保險機制該有的考慮

所有行業與跨國公司在管理風險上，均可考慮設立專屬保險公司。在設立前則須考慮各種因素。

1. 專屬保險市場概況

專屬保險機制在另類風險融資市場中占有重要的地位，近年來，專屬保險雖面臨監理機關與稅務機關的雙重威脅，全球專屬保險市場仍大體維持百分之三的保費成長，每年平均約有二百家新的專屬保險公司成立。

2. 設立專屬保險機制的理由

設立專屬保險機制的主要有兩大理由：
(1) 傳統保險功效不彰，例如：保險費率過高。
(2) 完成企業經營目標，例如：跨國間的資金調度。

3. 設立專屬保險機制該考慮的因素
(1) 事先須做專屬保險適切性分析

以責任風險為例，須分析責任損失歷年的平均走勢，其次，預估專屬保險的承保損益，測算母公司的資金流動，最後比較設立與不設立的淨現值。
(2) 註冊地的選擇

專屬保險公司要在哪裡註冊是重要的問題。通常第一項要考慮的是註冊地的基礎設施，註冊地的基礎設施包括：①電信與電腦網路設施；②國際機場設施；③交通、電力與水力等基礎設施。第二項要考慮的是註冊地的風險管理與金融保險服務品質，專業技能的水準高低與人才的多寡。第三項要考慮的是註冊地對專屬保險公司監理的規定。第四項要考慮的是賦稅規定，尤其國與國間有無雙邊賦稅協定。
(3) 再保險的考慮

再保險是專屬保險公司經營的基石。一般公司擁有專屬保險公司時，容易進入再保險市場，直接與再保人談判費率，有利於保險費率的降低。

4. 專屬管理人與專屬保險公司

專屬保險常需藉重專屬管理人的服務，專屬管理人扮演的功能有：
第一、從事設立專屬保險公司前的適切性分析與設立的申請。

第二、專屬管理人可從事保險承保業務。

第三、確保符合註冊地保險監理的要求等。

5. 專屬保險的威脅與展望

　　專屬保險重要威脅來自母公司支付給專屬保險公司的保費該不該課稅？其次，專屬保險的威脅來自保險監理機關對採用風險基礎資本制度的要求。縱然如此，專屬保險市場中，每年平均約有兩百家新的專屬保險公司成立。

圖17-15　專屬保險公司註冊地的選擇

專屬保險公司註冊地該怎麼選擇呢？

01　良好的基礎設施

①電信與電腦網路設施。
②國際機場設施。
③交通、電力與水力等。

02　良好的人力資源

①風險管理與金融保險服務品質。
②專業技能的水準高低與人才的多寡。

03　良好的法律環境

①註冊地具有專屬保險監理法規。
②賦稅規定

尤其國與國間有無雙邊賦稅協定

圖17-16 專屬管理人的功能

01 設立專屬保險公司前
的適切性分析與設立
的申請

02 專屬管理人可從
事保險承保業務

03 確保符合註冊地
保險監理的要求

話險為疑

1. 專屬保險公司的設立，註冊地要考慮哪些因素？

2. 專屬管理人的職責是什麼？

3. 2008 ～ 2009 年金融風暴時，有人建議銀行業要設立自保機制，你認
為這自保機制可能是指什麼？

17-8 跨國公司保險融資的特徵

跨國公司在風險管理上與單國公司相較，有其特別處。跨國公司除規模大外，有些年營收甚至比一個國家的年稅收來得高，例如：著名的 Walmart 國際集團。本單元說明跨國公司保險融資的特質。

1. 何謂跨國公司

廣義的跨國公司可概指一個公司在多數國家實施特定的經濟活動（直接投資，迂迴投資與購併均屬之）而與各地事業分支機構間，具有相互依存的關係且形成強而有力的企業集團者。巴里尼（Baglini, N.A.）則認為風險管理意義上的跨國公司除了投資生產外，尚需符合下列兩個要件：

第一、必須至少在五個以上的國家，從事經濟活動。

第二、必須至少百分之二十 的財產或營業額來自國外。

2. 跨國公司的國際保險規劃

跨國公司涉及不同國家，也因此在風險管理上比單國公司複雜許多，從公司治理、風險管理政策、風險管理組織各方面均須考慮不同國家的法律、政治、經濟、文化因素。此處說明跨國公司在保險融資方面的特徵。

(1) 國際保險環境：以文字為例，跨國經營時，保險的規劃可能遭到語言的障礙。在英國，「General Insurance」係指在美國的「Non-Life Insurance」業務。在英國，「Personal Insurance」係指在美國的「Life insurance」。在美國用「Personal Insurance」係指個人家庭購買的保險業務。此種保險業務可以是人身保險也可以是財產保險業務，而其相對名稱是「Commercial Insurance」。保險專業用語的國際差異也凸顯國際保險監理環境的差異。

(2) 國際財產保險計畫：就保險種類的特性言，通常產險類別的保單有強烈的地區性，人身保險則不然。產險保單此種特性，對跨國公司規劃全球財產的保險保障時，顯得更為突出。跨國公司財產保險規劃需認識「認可保險」（Admitted Insurance）與「不被認可保險」（Non-Admitted Insurance）業務的意義和其限制。

「認可保險」業務係指符合保險標的所在國保險法和其監理規定的業務而言。反之，不符合保險標的所在國保險法和監理規定的業務是為「不被認可保險」業務。另外，海外財產保險規劃時，條款差異性保險（DIC：Difference-In-Condition Coverage）也是重要的保單。此種保單乃以全

球性的觀點，依各國保單條款的差異設計而成的保險。此種保單以一切險（All Risk）為承保基礎，它係承保海外財產所在國「認可保險」業務無法承保的危險事故。參閱圖 17-17。

3. 跨國公司風險管理問題的根源

保險是風險管理中重要的風險融資手段，跨國公司風險管理存在著眾多問題，這些問題的根源就是國際間各類的差異。此種差別可分為兩類：一類來自於跨國集團內部，母子公司的差別；另一類來自跨國集團外部，環境的差別。參閱圖 17-18。

圖 17-17　條款差異性保險

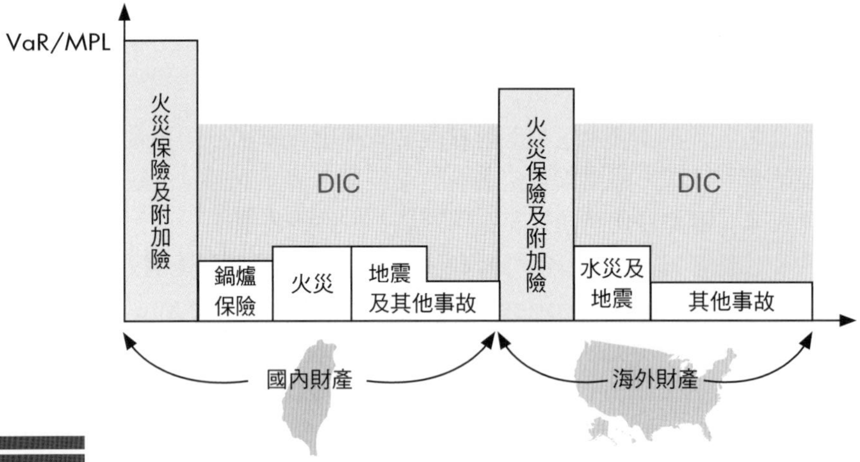

DIC性質上是財產損失保險，也是巨額保障保險，它與「認可保險」搭配，可適度消除保障缺口。

圖17-18 跨國公司的環境差異

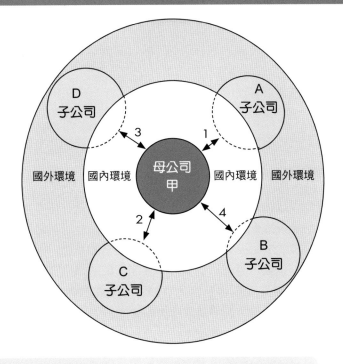

「1」：表母子公司差別最小　　　　　外圍之第一個圓圈表國外環境
「2」：表母子公司差別擴大，居第2　　外圍之第二個圓圈表國內環境
「3」：表母子公司差別愈大，居第3
「4」：表母子公司差別最大
圖11-18中，A子公司所在國的政治、語言、法律、社會、風俗、經濟等
環境因素與母公司所在國相似，而且子司各種管理理念、制度與母公司較
為接近。是故，以最短線段表其差異。B、C、D子公司各以不同線段的距
離代表其差異程度。

話險為疑

1. 搜尋一下，台灣郭台銘的鴻海集團是否為跨國公司？跨了幾國呢？
2. 什麼是 DIC？跨國公司保險融資上為何需要？
3. 風險管理意義上的跨國公司該具備何條件？

17-9 保險公司資產負債管理

資產負債管理源自銀行業，根據研究，銀行的資本成本高過壽險業，壽險業的獲取成本卻高過銀行業。兩者同屬風險中介業，因此，保險公司在風險管理上，同樣要重視資產負債管理。

1. 負債面管理

保險公司約九成負債就是各類準備金，這些均與保險客戶有關。所以負債面管理必須從保險公司的內部核保機制與政策、保費的訂定、理賠審查機制與再保險著手。

內部核保機制與政策是把關的第一步，把關的目的是在選擇接受好風險，拒絕壞風險，進一步達成降低損失率或賠款率的目標，如此可防範風險過度集中控制理賠。其次，保費的制定要達成充分、合理與適當的目標。保費收取不足問題很大，不但無法支應賠款，更無法提供吸納緩衝損失的風險資本，保險公司破產機會就會增高。至於理賠審查機制目的在節流，防範詐欺與道德危險因素。最後，將過度風險集中的業務，設法轉嫁給再保險人，迴避承擔過大的風險。

2. 資產面管理

資產面管理要靠保險公司的投資政策與避險。保險公司的投資政策要配合保險法的規定，保險法對投資類別、限額都有規定。投資政策要注意風險分散與資產配置，避險則可進行各類衍生性商品的操作。

3. 權益面管理

僅僅負債面或資產面的管理是為狹義的資產負債管理，全面兼顧負債面與資產面的管理是為廣義的資產負債管理，也就是權益面管理。

負債面涉及現金流出，資產面涉及現金流入，前者大於後者流動性風險大增、破產機會大；後者大於前者流動性風險低、破產機會小。

影響保險公司資產或負債的風險因子極多，但同時影響資產與負債現金流的是利率風險。利率跌資產負債價值就上升，利率漲資產負債價值就降低。資產負債漲跌幅不一，就直接影響權益的波動。因此權益面管理也就是資產負債管理，管的就是利率風險與流動性風險。

4. 利率風險管理與免疫概念

利率風險是財務風險管理的核心項目。利率有名目利率與實際利率，扣除通膨因子的名目利率就是實際利率。利率風險均因利率變動引起，又可細分收益風

險、價格風險、再投資風險、結構風險與信用風險。傳統利率風險評估可採用到期期限、基本點價格值、持有期間、凸度等衡量。應對利率風險有利率風險控制的免疫概念與其他技術，利率風險融資則有利率衍生性商品。

免疫（Immunization）概念是由英國精算師 Redington, F.M. 提出，其意旨是利用投資與融資策略的改變規避利率風險。Redington 所創的基本模型成為後續研究者研究利率問題的基礎。

圖17-19　負債面管理：核保

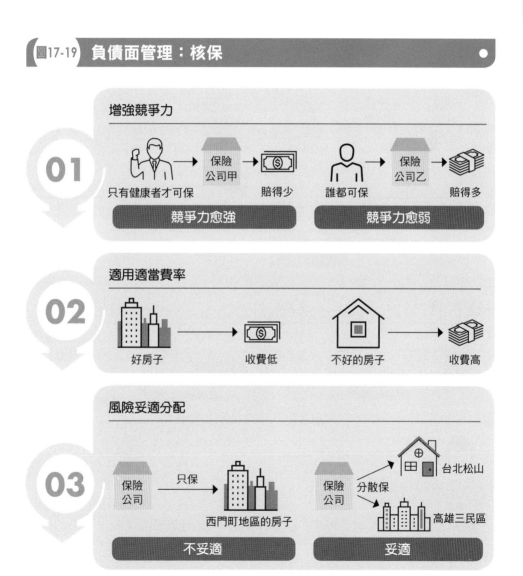

01　增強競爭力

只有健康者才可保　→　保險公司甲　→　賠得少　　誰都可保　→　保險公司乙　→　賠得多

競爭力愈強　　　　　　　　競爭力愈弱

02　適用適當費率

好房子　→　收費低　　不好的房子　→　收費高

03　風險妥適分配

保險公司　只保　→　西門町地區的房子　　保險公司　分散保　→　台北松山／高雄三民區

不妥適　　　　　　　　妥適

圖17-20　資產面管理：投資類別

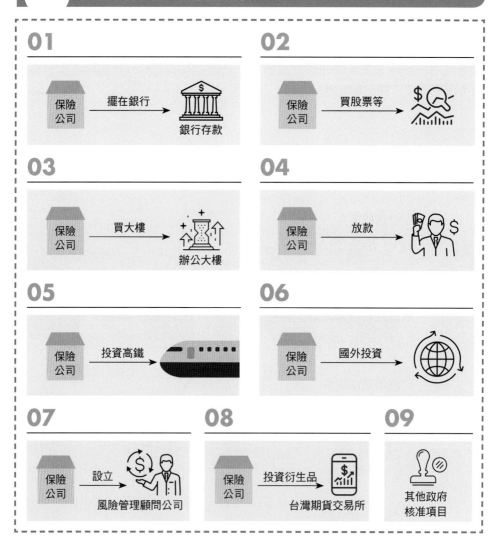

01

保險公司　擺在銀行　→　銀行存款

02

保險公司　買股票等　→

03

保險公司　買大樓　→　辦公大樓

04

保險公司　放款　→

05

保險公司　投資高鐵　→

06

保險公司　國外投資　→

07

保險公司　設立　→　風險管理顧問公司

08

保險公司　投資衍生品　→　台灣期貨交易所

09

其他政府核准項目

話險為疑

1. 解釋一下，資產負債管理就是利率風險與流動性風險管理？
2. 利率風險是系統風險還是非系統風險？應對利率風險有何妙招？
3. 再保險對保險公司為何重要？

Chapter 18

明日的風險管理

18-1 從風險管理的兩種論調看未來

　　風險的本體論不同，管理風險的論調也不同。兩種本體論引發的管理論調間，爭辯激烈。論調不同，都不盡然完全代表實證論或後實證論的思維。爭辯的層面極廣，茲就各個層面的爭辯所持的觀點，簡略說明如後。

第一、關於管理思維方面

　　一種論調認為應採事先防範，另一種論調認為可採強化復原力的想法。前者認為即使因果關係不明確，也需事先防範，後者認為科技的發展使社會系統愈來愈複雜，糾纏一起。任何系統的失靈，根本無法事先預測，在沒有確鑿的科學證據前，樣樣事先防範，只會引起社會各利害關係人間，更大的爭辯，使事件更糟，甚或引發社會衝突。

第二、關於追究災後責任的思維方面

　　災後或風暴後，追究責任的思維稱為責難主義。該思維背後的理由，無非是唯有透過責難才能使該負責的決策者，對往後的決策更加留神。另類想法則持原諒赦免的思維，其理由是唯有原諒赦免才能促使該負責的決策者，從中汲取教訓。

第三、關於風險管理中量化與質化方面

　　風險不量化無法計入經濟個體的經營成本中，反而變相地在補貼客戶與其他利害關係人。然而，因無法做到所有風險均計量的目標而遭受質疑。另類的主張則認為無法量化的風險給予適切權重即可，不必汲汲營營地追求所有風險均需量化。

第四、關於風險管理機制設計方面

　　一種論調是認為人類既有的知識可達成安全無虞的機制設計。換言之，風險管理機制的安全性是可被設計出來的。另一種論調則採設計不可知論的主張，持此種論調者認為機制設計是否安全無虞，依人類現有的知識根本無從知道。

第五、關於風險管理的安全目標方面

　　設定風險管理的安全目標所採用的思維有兩種流派：一種是採用互補主義；另一種採用權衡主義。互補主義認為風險管理追求的安全目標可與其他目標相容併蓄。權衡主義認為風險管理追求的安全目標無法與其他目標相容併蓄，兩難的

處境中必須權衡利弊，要追求安全必須犧牲其他目標。

第六、關於風險議題的解決與共識方面

　　風險議題的解決須經由大眾討論形成共識，但另類論調主張不用交由大眾討論，而由少數精英風險專家討論決定即可。

第七、關於風險監理的重點方面

　　政府對風險的監理，一種論調認為應著重在結果的監理，另一種論調認為應著重在過程的監理。

　　綜合以上兩種不同論點，著者認為在未來極端環境或黑天鵝環境下，最好依風險本質的不確定性來決定該使用何種觀點管理風險，參閱圖 18-1。風險管理未來再如何進展，也只能相對有效。人類面對風險，七分靠努力，三分看運氣，學習與風險共舞，能利用就利用，要管控就要靠技術。唯有如此，在風險社會的今天與未來（未來新科技本身可能帶來不可知的風險），才能自在。

圖18-1 風險特性的三種情況

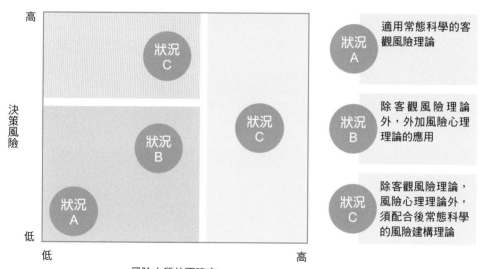

依決策風險與風險本質的不確定程度，看待風險應採用不同的科學知識或不同的風險理論。對於決策風險與風險本質不確定性均低的狀況（圖18-1狀況A），採用自然科學等常態科學是適當的，也就是適合用客觀風險理論；對於決策風險與風險本質不確定性，均有所提高的狀況（圖18-1狀況B），則需專業諮詢，此時完全採用自然科學等常態科學評估或看待風險是不適當的，例如：醫病關係產生的風險，此時須配合採用風險心理理論；對於決策風險與風險本質不確定性均特別高的狀況（圖18-1狀況C），則須配合後常態科學（例如：社會學、文化人類學等知識），也就是須外加採用風險建構理論的觀點來了解風險，例如：基因食品風險與氣候變遷的風險等。

表18-1　風險管理的兩種論調

爭議點	傳統主張	另類主張
1. 管理思維	事先防範	強化復原力
2. 責任追究	責難主義	赦免主義
3. 風險量化與質化	量化	質化
4. 機制設計	設計可知論	設計不可知論
5. 安全目標	互補主義	權衡主義
6. 議題的解決	少數精英	討論求共識
7. 風險監理	重結果	重過程

話險為疑

1. 極端氣候、機器人環境下，想想將如何改變你我的生活？
2. 以基因食品風險而言，表 18-1 中七個爭議點，你認為該採用何種主張管理風險？
3. 有文獻顯示，風險管理六成五靠科學，三成五靠藝術，這是何意？

案例學習篇

本篇想完成兩個目的：

- ☑ 讓讀者從各類型案例中學習風險管理。
- ☑ 讓讀者了解各產業間或非產業間風險管理的重點差異。

風險管理最早源自第二產業的工業[1]，因此，本篇先介紹非金融保險業的案例。

---

1 根據風險管理歷史，1948 年美國鋼鐵業大罷工與 1953 年通用汽車巨災事件，促成風險管理在企業界的萌芽。

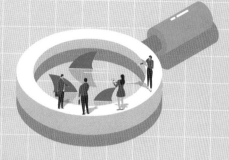

Chapter 19

閱讀案例前預備知識

19-1 金融保險業與資訊工業的區別

行業別太多，本單元選擇金融保險業為服務業代表，資訊工業為製造業代表，説明行業特性不同，管理風險的過程雖相同，但重點會不同。

1. 損益兩平有別

金融保險業由於是服務業，創業所需的固定設備與辦公處所遠低於資訊工業的需求。換言之，經營金融保險業的固定成本，通常低於經營資訊工業所需的固定成本。至於變動成本，兩個行業都會呈現隨業務量的增加而增加的現象。影響所及，金融保險業的損益兩平點，通常低於經營資訊工業的損益兩平點。換言之，經營銀行或保險公司達成損益兩平的時間，通常比資訊工業快。

2. 貝塔係數有別

根據資本資產訂價理論，不同行業的貝塔係數（β）會不同，也就是行業風險係數不同。即使同屬銀行業，投資銀行的行業風險（1.2）就高於零售銀行的行業風險（1.1）。行業風險係數會影響資金成本的高低，而風險報酬高過資金成本時，組織才能創造利潤與價值。如果金融保險業的貝塔係數（β）高過資訊工業，那麼金融保險業必須要有更高品質的風險管理，獲取更高的風險報酬，如此創造價值的機會才會大。

3. 風險結構有別

行業別不同，本書所提的戰略風險、財務風險、作業風險與危害風險間的結構比重，也會不盡相同。大體而言，著者認為資訊工業由於家數多於金融保險業，且產品競爭激烈、推陳出新滿足消費者程度高於金融保險業，因此，戰略風險或許高過金融保險業。其他風險的比重，大體上，金融保險業的財務風險，通常高於資訊工業，而資訊工業危害風險，通常高於金融保險業。另外，即使同屬保險業的產壽險公司間，風險的結構比重也不同，例如：壽險業財務風險高過產險業，產險業核保風險高過壽險業。

4. 核心業務有別

金融保險業是風險中介行業，其核心業務即如何運用風險獲利，但資訊工業核心業務則是其關鍵科技技術，如何轉嫁風險是其風險管理重點。

5. 資本功用有別

金融保險業因為是風險中介，其資本功能重在吸收損失，減緩風險的不利衝擊，但資訊工業非風險中介，其資本功能側重在實體投資。

圖19-1 **金融保險業與資訊工業間的損益兩平**

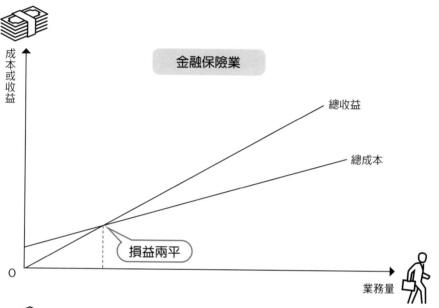

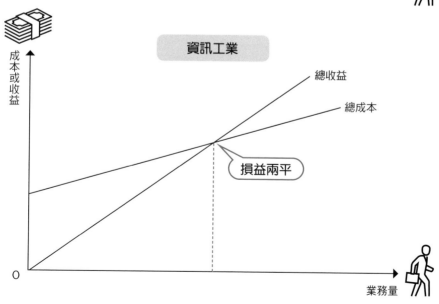

195

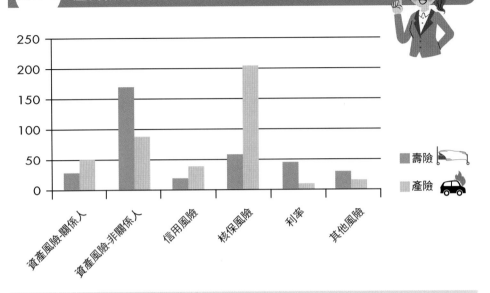

圖19-2 產壽險業間的風險結構

 此圖為台灣在2002年根據RBC比例測算的產壽險業間風險結構比重。其次,其風險分類名稱與前頁文中所提雖有不同,但與前頁文中所提意旨雷同,例如:利率風險是財務風險,圖中顯示壽險業的利率風險比重高過產險業。

話險為疑

1. 有云「男怕入錯行」,這有何風險管理的意涵?
2. 風險管理預算與風險結構比重有關嗎?
3. 對金融保險業與資訊工業而言,資本管理與風險管理的整合,何者重要?

19-2　銀行與保險業的國際監理規範

　　銀行與保險由於是風險中介行業,與非風險中介的行業不同,所以各國政府對這些行業通常採特許制度,國際上對這些行業也有嚴格的風險管理要求,也就是 Basel 協定與歐盟 Solvency II 的規定。

1.Basel 協定要旨

　　銀行 Basel 資本協定採三大支柱,第一支柱是最低資本要求,第二支柱是監理覆審,而第三支柱是市場紀律。Basel 協定三大支柱,參閱圖 19-3。

圖19-3　Basel 協定三大支柱

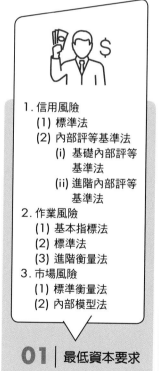

1. 信用風險
   (1) 標準法
   (2) 內部評等基準法
       (i) 基礎內部評等基準法
       (ii) 進階內部評等基準法
2. 作業風險
   (1) 基本指標法
   (2) 標準法
   (3) 進階衡量法
3. 市場風險
   (1) 標準衡量法
   (2) 內部模型法

01 | 最低資本要求

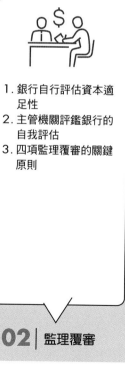

1. 銀行自行評估資本適足性
2. 主管機關評鑑銀行的自我評估
3. 四項監理覆審的關鍵原則

02 | 監理覆審

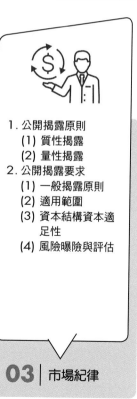

1. 公開揭露原則
   (1) 質性揭露
   (2) 量性揭露
2. 公開揭露要求
   (1) 一般揭露原則
   (2) 適用範圍
   (3) 資本結構資本適足性
   (4) 風險曝險與評估

03 | 市場紀律

資料來源:曾令寧與黃仁德編著(2004)《風險基準資本指南——新巴塞爾資本協定》。台北:台灣金融研訓院。

(1) 第一支柱：最低資本要求

　　銀行巴塞爾（Basel）協定關於資本最低的要求，是採依風險未來變化與規模大小的風險基礎資本制度。此種制度下，業者的資本適足率未達要求時，就隨時會有現金增資的壓力。

(2) 第二支柱：監理覆審

　　第二支柱的監理覆審，主要在審核評估在第一支柱下，銀行進一步採行進階法所需要件的審核，尤其對信用風險的進階內部評等基準法與作業風險的進階衡量法的要求。

(3) 第三支柱：市場紀律

　　一般性的考量包括：揭露要求，指導原則，達成適當揭露，會計揭露的互動，重大性，頻率，與機密及專屬資訊等七項。

2. 歐盟 Solvency II 要旨

(1) 第一支柱：數量的要求標準

　　第一支柱主要的數量要求就是準備金的計算與保險公司清償資本的要求。保險公司資產與負債均以公平價值為基礎。保險公司負債的公平價值以最佳估計值加上風險邊際／利潤之和為衡量基礎。第一支柱的數量要求除準備金的計算外，另一最重要的就是清償資本要求，清償資本要求有最低資本額與清償資本額的雙元標準。

(2) 第二支柱：監理檢視與監理報告及公開資訊揭露

　　第二支柱著重保險公司內部管理的品質，同時監理機關在一定條件下，要求保險公司增加資本。

(3) 第三支柱：監理報告、財務報告與資訊的揭露

　　該支柱主要在使公司所有利害關係人了解保險公司的財務狀況。參閱圖19-4。

3. Solvency II 與 Basel 協定的比較

　　第一、Solvency II 第一支柱涉及所有重要風險，但 Basel 則將利率風險放在第二支柱。

　　第二、Basel 以 99.9% 為計算 VaR 信賴水準，但 Solvency II 則採 99.5%。

　　第三、Solvency II 有準備金與資本額的要求，但 Basel 只有資本額的要求。

　　第四、Basel 是採整合監理（對國際金融集團），但 Solvency II 是採個別監理。

　　第五、Basel 會改變核心作業流程，但 Solvency II 不會。

　　第六、Solvency II 發展比 Basel 晚。

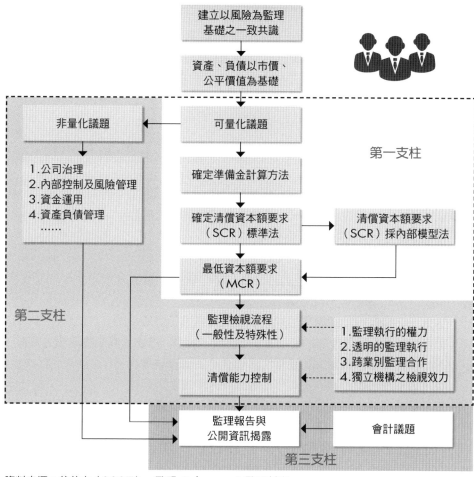

圖19-4 Solvency II 三大支柱

建立以風險為監理
基礎之一致共識

資產、負債以市價、
公平價值為基礎

非量化議題

可量化議題

第一支柱

1.公司治理
2.內部控制及風險管理
3.資金運用
4.資產負債管理
......

確定準備金計算方法

確定清償資本額要求
（SCR）標準法

清償資本額要求
（SCR）採內部模型法

最低資本額要求
（MCR）

第二支柱

監理檢視流程
（一般性及特殊性）

1.監理執行的權力
2.透明的監理執行
3.跨業別監理合作
4.獨立機構之檢視效力

清償能力控制

監理報告與
公開資訊揭露

會計議題

第三支柱

資料來源：黃芳文（2007），歐盟 Solvency II 監理制度

Chapter **19** 閱讀案例前預備知識

話險為疑

1. 為何 Basel 要求銀行的風險值計算要 99.9%，而保險業 Solvency II 要
求的是 99.5%？
2. 為何 Basel 將利率風險放在第二支柱，而保險業 Solvency II 不是？
3. 為何 Solvency II 有準備金的要求，而 Basel 沒有？

學習風險管理的經驗案例,是成功管理風險的要素之一,有云「他山之石可以攻錯」就是這個道理。本單元根據 Barton T.L., et al(2002)所著 *Making Enterprise Risk Management Pay Off* 一書,所顯示的六個案例彙總的十八項風險管理教訓,進一步闡釋風險管理的精神要旨。

1. 風險管理的教訓

　　第一、實施全面性風險管理完全按照標準範本操作制定,是不恰當的,因為每個組織文化不同,每個老闆的想法與支持程度不同。

　　第二、在現今複雜又不確定的經營環境中,每個組織要取得有效的管理,務必採取很正式又積極投入的方式,識別所有可能的重大風險。

　　第三、識別風險可採用各種不同的技巧,一旦被採用,識別風險的過程必須是持續且是動態的。

　　第四、必須採用可以顯示風險的重要性、嚴重性與損失金額大小的某種標準,評級風險的優先順序與高低。

　　第五、必須採用能顯示頻率或機率的某種標準,評級風險。

　　第六、必須採用最複雜的技巧工具衡量財務風險,例如:風險值與壓力測試。

　　第七、能滿足組織需求的複雜工具也要能使管理階層容易了解。

　　第八、要很清楚組織本身與股東等所有人的風險容忍度。

　　第九、針對任何可能的非財務風險,必須採用更精密嚴格的工具衡量風險。

　　第十、組織必須採取各種應對風險技巧的組合方式管理風險。

　　第十一、關於各種應對風險的組合技巧必須是動態的且要持續再評估。

　　第十二、假如存在獲利機會,組織必須尋求更有創意的方式應對風險。

　　第十三、組織管理風險必須採取全面性的方式。

　　第十四、假如有必要聘請顧問,顧問只能當諮詢,不能替代風險管理的工作。

　　第十五、全面性的管理風險比零散式的風險管理,成本低且更有效能。

　　第十六、組織決策必須考慮風險,這是全面性風險管理的要素。

　　第十七、風險管理的基礎建設,形式上雖各有不同,但卻是驅動全面性風險管理的主要因素。

　　第十八、老闆與高階管理層的重大承諾與支持是全面性風險管理的先決條件。

2. 風險管理的省思

風險管理可有可無？每位老闆認知不同，但很多大規模企業卻愈來愈重視它。雖然理論上，風險管理對創造組織價值有貢獻，但實證上能真實證明其獨立貢獻程度的研究文獻並不多見。話雖如此，在風險社會的今天，現代組織經營沒有風險管理卻是萬萬不能，除了可讓老闆與社會大眾心安以及災難發生後組織活命機會較大外，國家公權力也漸漸拿風險管理問責説事，企業老闆就不得不留意。

圖19-5 零散式風險管理 VS 全面性風險管理

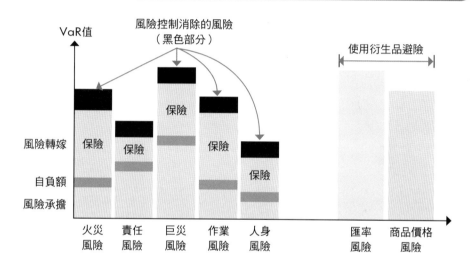

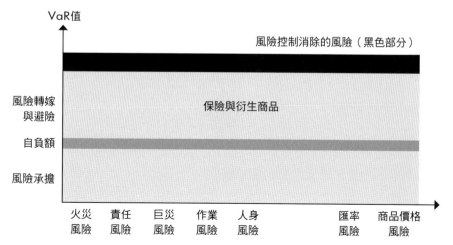

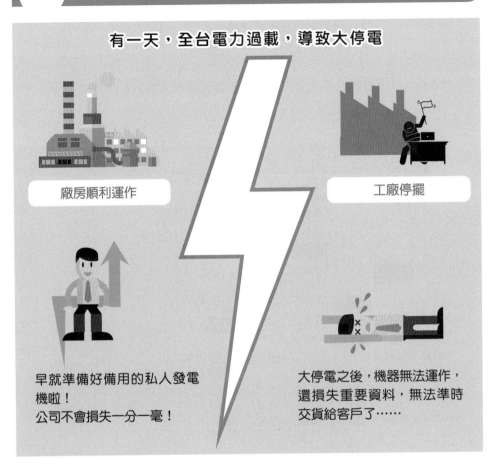

圖19-6　風險管理可有可無啦？

有一天，全台電力過載，導致大停電

廠房順利運作

工廠停擺

早就準備好備用的私人發電機啦！
公司不會損失一分一毫！

大停電之後，機器無法運作，還損失重要資料，無法準時交貨給客戶了……

話險為疑

1. 想想老闆可能不在意風險管理的理由。
2. 想想風險管理為何不是萬能，但沒了它卻萬萬不能，為何？
3. 為何有人會說企業管理就是風險管理？

Chapter 20

各產業別風險管理案例

1. 微軟簡介與風險管理組織

全球九成多的個人電腦軟體均由微軟提供，老闆比爾・蓋茲（Bill Gates）則是全球知名的傳奇人物。老闆大學未畢業就與友人艾倫・波爾（Allen,Paul）在 1975 年間，創設全美第一家電腦語言的合夥事業，名為微軟。在 1981 年改組成公司，五年後正式成為上市公司。微軟發展簡史見圖 20-1。1999 年微軟依客戶群的不同，將產品分成四個部門，分別是商業應用部、消費者部、程式發展部與交流平台部，每一部門的產品內容見圖 20-2。

2000 年 2 月份 Window 2000 軟體問世。微軟自上市以來，員工數與公司獲利均逐年攀升，見圖 20-3，這與其在 1990 年代成立的風險管理部有關，風險管理部由財務長主導，其下組織見圖 20-4。風險管理部門自成立以來屢屢獲獎，1999 年獲得風險管理財務長卓越獎，此獎由美國財務長雜誌所頒發，同年也獲得財富與風險管理雜誌所頒發的財務風險管理金質獎章等大獎。

2. 財務風險管理操作要點

微軟的風險管理機制自 1994 年開始，首先重匯率波動的財務風險管理操作，1995 年開始採用 VaR 模型計算匯率波動的風險值（VaR），1997 年 VaR 模型擴張使用在權益證券與固定收益證券風險的計算上。1996 那年，財務長向董事會財務委員會提供財務風險白皮書，進而確立採用整合方式管理財務風險，這種整合方式融合了匯率風險、利率風險與員工股票選擇權等風險。這項努力進一步產生微軟的財務資訊系統，也就是微軟的數位神經網路系統，透過該系統可產生微軟年度累積 VaR 值。微軟 VaR 值計算訂在 97.5% 的信賴水準，估計未來 20 天的最大財務損失。除 VaR 值計算外，微軟也採用情境分析壓力測試，來了解極端事件發生時，微軟可承受的財務壓力力度。

3. 業務風險管理操作要點

微軟業務風險管理的範圍，主要著重全球商品服務、商品銷售與後勤的支援與操作人員的作業過程等三類業務。微軟主要營運就是靠這三類業務如何運作，運作良好，績效就好，而微軟的財務與風險管理部門則屬幕僚單位，背後支援前三類業務的營運，提供風險訊息供他們當決策參考。風險管理單位、法務部、內部稽核部與業務單位間，協同作業，風險管理單位可提供微軟適時的風險圖像

（Risk Map）（見圖 20-5）與風險訊息量化資料給業務單位，由其確認效度並引用為決策依據。

微軟財務長曾說，微軟雖然是高科技產業，但人員風險管理意識與素質遠超過科技本身的重要性，因此風險管理單位特別注重風險管理單位與業務單位間的風險溝通／交流。微軟的風險溝通主要透過內部網站與面對面時間。

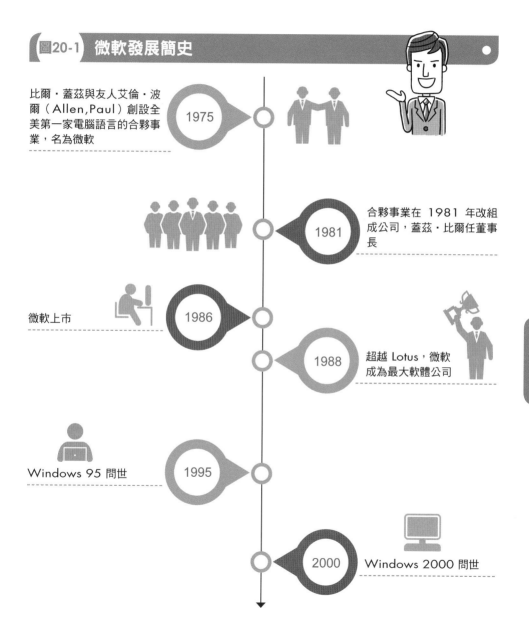

圖 20-1 微軟發展簡史

比爾・蓋茲與友人艾倫・波爾（Allen,Paul）創設全美第一家電腦語言的合夥事業，名為微軟

1975

1981　合夥事業在 1981 年改組成公司，蓋茲・比爾任董事長

微軟上市　1986

1988　超越 Lotus，微軟成為最大軟體公司

Windows 95 問世　1995

2000　Windows 2000 問世

圖20-2 微軟產品服務

01 商業應用部
微軟辦公軟體與伺服器軟體

02 消費者部
微軟網路,包括Web電視等

03 程式發展部
程式設計人員服務,包括程式發展工具等

04 交流平台部
所有Windows軟體,包括線上電影音樂軟體等

圖20-3 微軟獲利趨勢

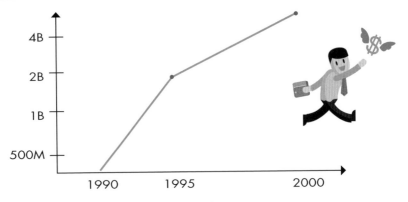

話險為疑

1. 微軟1986年上市,上市對一個資訊科技業重要嗎?為何?

2. 根據微軟業務風險管理的範圍,作業風險事件可能的來源會是什麼?

3. 根據本案例已公開資訊,請你整體判斷微軟未來獲利趨勢。

其次，微軟業務風險管理則採用情境分析法，識別微軟的業務風險，例如：微軟在美國西雅圖（Seattle）有超過五十棟建築物的培訓學校，如發生地震，後果嚴重，透過情境分析，風險管理部門識別的風險種類就不只是地震造成的建築物可能倒塌的風險，還包括製造及服務中斷的風險，微軟股價波動，市占率縮水等一系列風險。

情境分析時，風險管理人員會設想地震發生後，微軟最糟糕的損失如何，並進行壓力測試，進而擬訂應對策略與製作災後復原計畫。識別風險後，風險管理單位會依風險事件發生的可能性與影響程度，製作風險圖像，風險圖像會以損失金額標明並排定優先順序，適時交給董事會討論與決策。

微軟對風險的應對，在業務風險融資方面，主要採用保險或經由評估後採用自保，業務風險控制則主要採用各種安全手段，例如：採用密碼保護訊息資料以防洩密，或例如：協同法務部門控制法律風險等。

1. 風險溝通——內部網站與面對面時間

微軟風險管理上，透過內部網站的設立與管理層及基層作業人員的面對面，進行內部風險溝通。內部網站有充分的風險訊息與資料外，也有不同風險應對的工具箱供員工們參考。微軟內部網站除事涉機密需持有授權密碼人員始能取得訊息外，其他訊息均公開給所有員工。比爾 · 蓋茲鼓勵員工能解讀所有財務業務訊息的含意，進而提升風險管理的績效。

在面對面時間時，風險管理單位與業務單位間則密切協作，例如：業務單位發展一項新款個人電腦鍵盤，但風險管理人員發現這種新款鍵盤可能使消費者產生手扭傷的風險，因此經由風險管理人員提供的扭傷風險資料，業務單位決定將扭傷可能的損失成本加計在新鍵盤售價中，每一套新鍵盤售價增加 2.82 元。這就是面對面時，風險管理單位與業務單位間協作的最佳案例。

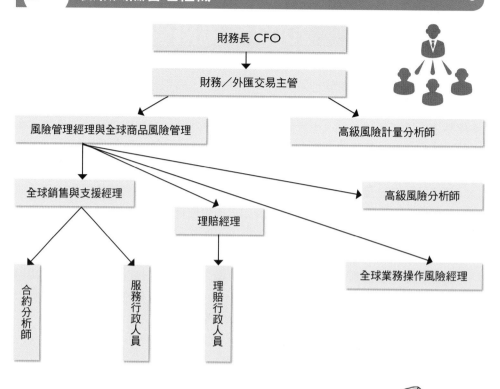

圖20-4 微軟風險管理組織

財務長 CFO

財務／外匯交易主管

風險管理經理與全球商品風險管理

高級風險計量分析師

全球銷售與支援經理

理賠經理

高級風險分析師

合約分析師

服務行政人員

理賠行政人員

全球業務操作風險經理

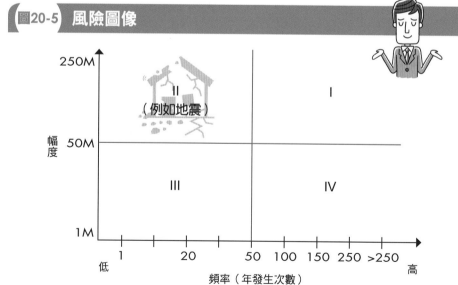

圖20-5 風險圖像

250M

II
（例如地震）

I

幅度 50M

III

IV

1M

頻率（年發生次數）

1　　20　　50　100　150　250　>250

低　　　　　　　　　　　　　　　　　高

學校沒教的風險管理潛規則

資訊科技業概況

　　資訊科技業又稱 IT 業、電腦工業，為一切與電腦相關的軟硬體行業總稱，有硬體製造的類似傳統工業模式也有軟體撰寫和客戶服務的服務業，自從 90 年代電腦革命後資訊業成為獲利豐厚的行業製造出許多世界首富。資訊業的特性是競爭快、產品生命週期短、人才水準要求高、投入資本金額門檻高。中國訊息技術產業（IT 業）包括硬體製造、軟體開發、訊息技術服務等，是目前中國發展最快的產業。2003 年，中國 IT 全行業銷售收入達 1.88 萬億元，IT 產品出口額 1421 億美元。IT 產業占全國工業比重達到 12.3%，占 GDP 的 9.1%，成為第一大產業。2006 至 2011 年間，中國 IT 產業年增長 28%，是同期國家 GDP 增長速度的三倍。2015 年，中國 IT 業總收入達人民幣 5.6 兆元。MyHiringClub 的調查顯示，中國大陸 IT 專業人員平均年薪為 42,689 美元，排名第十三位（香港排在第十位，平均年薪 105,320 美元）。而全球薪酬最高的四個國家依次是瑞士、比利時、丹麥和美國。中國 IT 基礎設施製造商和綜合服務平台有聯想、華為、中興、小米、阿里巴巴、WeChat 等。台灣面板廠群創和友達、智慧手機廠宏達電、行動晶片商聯發科等都受到中國大陸同行的競爭壓力。

話險為疑

1. 你認為微軟風險管理組織有何可調整之處？

2. 讀完微軟風險管理情況，你認為比爾 · 蓋茲有全力支持風險管理嗎？這支持重要嗎？

20-3　資訊科技業：Microsoft 風險管理評論

　　Microsoft 風險管理雖為 2002 年的情況，但不影響案例的學習。根據前列訊息，微軟老闆比爾・蓋茲將風險管理視為市場競爭利器，而不是在應付政府法令，這一點是微軟風險管理成熟且履履獲獎的基石。因此，有些訊息微軟視為機密，並不公開，本案例只就公開的風險管理機制訊息加以分析評論，評論標準說明如後。

1. 風險管理機制評論標準

　　對微軟內部風險管理機制的分析評論，本案例採用 COSO 的全面性風險管理的架構與 UNIT4-1 所提的風險管理成熟度十大指標。

2. 案例內容分析與看法

　　根據前述微軟公開的風險管理機制訊息，採用前列標準，分析案例內容如後。

　　第一、就微軟的風險治理或公司治理（Risk Governance ／ Corporate's Governance）言，從其財務長科林尼可斯・白藍稱比爾・蓋茲是微軟風控長可判斷出，微軟的風險治理與風險管理完全融合一體，風險管理部定期會將所製作的風險白皮書提交董事會的財務委員會討論後確認，董事會負風險管理的終極責任。

　　風險管理文化透過內部網站與面對面時間，已深入微軟各業務單位，服務商品的售價也由風險分析師提供可能的損失成本資料供銷售部當訂定售價的參考。微軟的法務部、內部稽核部也與風險管理部密切配合提供相關風險訊息給業務單位，而微軟的內部網站不只是網站，網站上有許多財務業務訊息與處理風險的手段，除受保護的訊息須以密碼取得外，其他公開訊息，員工均容易取得。

　　風險管理部更重視面對面對交流時間，風險圖像為求真實需業務單位的確認，風險融資計畫與業務單位商討後實施，老闆鼓勵員工能解讀所有財務業務訊息的含意，進而提升風險管理的績效。這些都顯示，微軟風險管理文化的優質。全面性風險管理還要求應有適當方式決定風險可容忍程度以及風險管理政策說明書，這兩項要求機密性極高，從微軟公開訊息中，無從判斷。

　　第二、就微軟的目標設定與風險識別言，目標設定從本案中，雖無從具體得知，但整體言，無非提升微軟價值，從逐年獲利增加的情形來看，可判斷微軟應

有清楚的目標設定。至於風險識別無論是財務風險還是業務風險，還算適當完善，尤其對影響財務業務的地震風險，採用情境分析來識別地震所引發的各類風險，進而採用各種風險應對方法是極恰當的。然而，如僅採用一種情境分析方式識別風險，難免會有漏網之魚，可綜合採用其他方式，例如：財報分析法、流程圖分析法等，將可更完善微軟可能面臨的風險。

第三、就風險評估言，微軟對財務風險採用 VaR 模型，對業務風險採用有損失資料的風險圖像，在方法上還算適當，但 VaR 模型採用的信賴水準 97.5% 所對應的容忍水準 2.5% 可依現況再考慮，以二十天來估計最大損失期間，在未來瞬息萬變的科技環境裡，可考慮調整。

對業務風險評估使用風險圖像之餘，也須進一步採用影響矩陣表，了解各風險間的相關性或因果，重新調整風險的排序，如此有助於資源更精確有效的配置。

圖20-6 地震風險識別

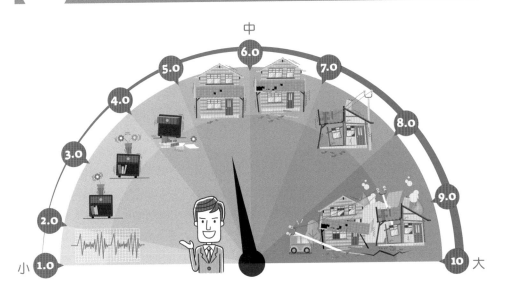

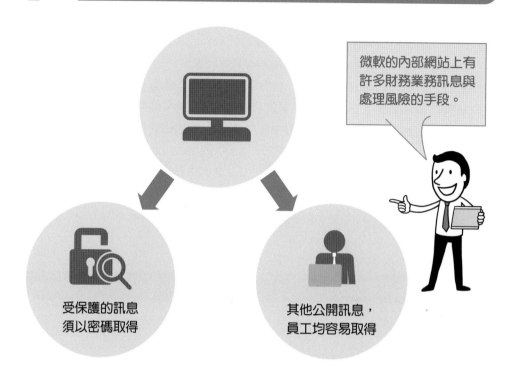

圖20-7　風險溝通

微軟的內部網站上有
許多財務業務訊息與
處理風險的手段。

受保護的訊息
須以密碼取得

其他公開訊息，
員工均容易取得

　　第四、微軟風險管理的風險應對，管理控制，訊息與交流，監督與績效評估，這四項要素，就公開訊息來看，風險應對與考慮還算完善，法務部的管理控制，內部稽核的監督與績效評估，訊息與交流均可謂有不錯的水準。然而，風險溝通只限內部仍不足夠，外部利害關係人的風險溝通，有時更影響風險管理的績效。

　　內部控制經由密碼保護內部訊息只是消極作為，如何防範外部電腦駭客入侵，更需留意。會計預算在管理控制上的功能可進一步考慮，以風險為基礎的內部稽核更需強化。

　　其次，微軟風險管理與人力資源管理結合的程度方面，微軟財務長曾說，微軟雖然是高科技產業，但人員風險管理意識與素質遠超過科技本身的重要性，顯然，選對的人，做對的事對微軟風險管理與人力資源管理的結合很重要，只是人力資源管理部如何選對的人，公開訊息中，無從判斷。

第五、風險管理成熟度指標中的兩項指標，也就是利害關係人參與風險管理的程度與善用風險間的取捨交換獲得價值的程度，這兩項指標做的如何，從案例訊息中，無從判斷。

3. 案例結語

依 ERM 的意旨，任何管理主體均會面臨四大類風險，那就是戰略風險、財務風險、作業風險與危害風險。然而，科技業與金融保險業間，各自風險比重大不同，除戰略風險外，大體而言，科技業危害風險比重高，金融保險業則財務風險比重高。依上述案例分析，對微軟風險管理機制的評論總結如後：

(1) 從案情介紹中，知道微軟老闆比爾 · 蓋茲強力支持風險管理，顯然，微軟公司的風險治理與董事會能融合一體，這是風險管理成熟度的重要體現，也是微軟履履獲獎的基石。

(2) 微軟內部網站的資料透明化與面對面交流平台，以及風險管理單位與業務單位間協作密切的程度來看，微軟風險管理文化相當普及，氛圍極濃，微軟風險管理文化品質應屬優等，沒有優質的風險管理文化，風險管理也不可能成熟。

(3) 微軟的財務風險管理採用 VaR 模型，業務風險管理善用風險圖像，排定管理的優先順序以及購買相關衍生品避險與保險，保障公司財產安全，可說是正確的選擇。然而，VaR 模型的信賴水準的訂定可適度提高，評估期間也可適度降低。這些做法的理由，是大數據時代的來臨，提高財務風險評估的精確度與時效，並非難事。

(4) 除了微軟公開訊息中，無法獲知詳情的部分，整體而言，就風險管理成熟度十項指標來看，微軟風險管理機制除了利害關係人參與風險管理的程度、善用風險間的取捨交換獲得價值的程度等兩項指標外，約可滿足風險管理成熟度的其他八項指標。就 ERM 要素來看，除了管理控制與監督及績效評估兩項要素的訊息無法得知詳情外，大體上，微軟風險管理機制滿足 ERM 大部分要求。最後，整體而言，微軟風險管理機制，是屬於優等級。

圖20-8 微軟公司的風險治理與董事會融合一體

請問風控長本月公司前三大風險是什麼？

圖20-9 微軟風險管理文化

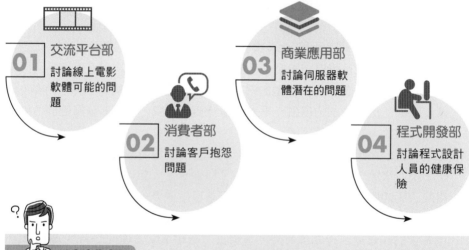

01 交流平台部
討論線上電影軟體可能的問題

02 消費者部
討論客戶抱怨問題

03 商業應用部
討論伺服器軟體潛在的問題

04 程式開發部
討論程式設計人員的健康保險

話險為疑

1. 除了文中所提的風險管理評論標準外，你認為還有哪些標準可用？
2. 微軟 VaR 值計算訂在 97.5% 的信賴水準適切嗎？如果適切代表什麼意義？
3. 為何微軟以二十天為期間，估計最大損失？為何不是一天？
4. 整體而言，你對微軟風險管理機制有何評論。
5. 風險管理文化氛圍的形成，與老闆有關係嗎？

Appendix

附錄

1 我與台灣風險管理學會的發展

紀念恩師陽肇昌先生

2019 / 08 / 08

　　已七十歲的我，回想過去，總想留些記錄。寫這篇散文是想紀念恩師陽肇昌先生與記錄當初創立台灣風險管理學會（RMST：Risk Management Society of Taiwan）的心路歷程。

　　學會是民國 81 年 3 月 14 號創立。創立的動力除了自我感興趣外，最大動力當推我的恩師陽肇昌先生與益友許沖河先生。恩師生前常罵我，為何把英文 Risk Management 翻成風險管理，而不是危險管理。恩師是我風險管理的啟蒙師，也是最早將風險管理知識引進台灣的保險泰斗，恩師對台灣保險業貢獻甚大，他一手創立了逢甲大學保險研究所，該所畢業生遍布台灣保險產官學界，我是第三屆畢業生。我一直最佩服恩師的文筆，尤其恩師對保險的定義更是一絕。在其自行出版的《保險論叢》中，將保險定義為「集合多數同類危險分擔損失」的一種制度。就十二個字把保險的精髓，定義的這麼簡潔、這麼有力，這可要深厚的國學功力。建議大家去看《保險論叢》這本書，就可發現恩師的國學功力，至今我一直保留著，就是想學恩師的文筆，當時恩師那年代，其他人的保險定義是又臭又長。另一動力就是來自益友許沖河先生。我在 1989 年取得美國 IIA（Insurance Institute of America）頒發的 ARM（Associate in Risk Management）證照後，他就三不五時慫恿我，發起成立風險管理學會。剛開始是猶豫的，後細想當時台灣沒有這種學會，於是存著試試看的心理，先邀集當時台灣風險管理同好，陳繼堯、鄭燦堂、邱展發、徐廷榕、許沖河、高榮富、黃範與眾多其他好友等成立發起人會議。之後，由許沖河先生向內政部申請，獲准成立了台灣風險管理學會。自己承蒙當時大家支持，忝為第一任理事長，當時學會辦公室就在徐廷榕會計師的欣鼎會計師事務所。學會成立後，當時日本風險管理學會理事長龜井利明先生就邀請我到關西大學演講，揭開首次台日交流。我理事長當了兩年，後因至英國格拉斯哥蘇格蘭大學進修風險管理博士學位，理事長一職就由高榮富先生繼任。接著由陳繼堯先生、邱展發先生、蔡永銘先生、曾武仁先生、張士傑先生、梁正德先生等接任，現任理事長仍為張士傑先生。在這些好友的努力下，學會將繼續發揚光大。總結，台灣風險管理學會的成立與發展，可說是無心插柳，柳卻成蔭。

2 風險管理相關網站

環境保護領域

1. http://www.sra.org
2. http://www.toxicology.org
3. http://www.fplc.edu/tfield/links.html
4. http://www.isea.rutgers.edu/isea/isea.html
5. http://www.ama-assn.org
6. http://www.aiha.org
7. http://www.acs.org
8. http://www.aaas.org
9. http://www.BELLEonline.com
10. http://www.cedar.univie.ac.at
11. http://www.greenpeace.org
12. http://www.iarc.fr
13. http://turva.me.tut.fi/cis/home.html
14. http://www.iso.ch
15. http://www.tera.org
16. http://www.unep.ch
17. http://www.who.ch

金融保險領域

18. http://www.cea.assur.org
19. http://www.cfoforum.org
20. http://www.croforum.org
21. http://www.ceiops.org
22. http://www.ec.europa.eu/internal_market/insurance/solvency2/
    index_en.htm
23. http://www.gcactuaries.org
24. http://www.actuaries.org
25. http://www.iais.org
26. http://www.aria.org

27. http://www.rims.org
28. http://www.riskweb.com
29. http://www.riskmail.org/account.htm
30. http://pages.prodigy.com/KY/rlowther/risklist.html
31. http://www.captive.com
32. http://www.insurancenet.com
33. http://www.finweb.com/misearch.html
34. http://www.-nashville.net/qic95
35. http://www.aria.org/rts
36. http://riskinstitute.ch
37. http://www.primacentral.org
38. http://www.nonprofitrisk.org
39. http://www.siia.org
40. http://www.iii.org
41. http://www.bus.orst.edu/faculty/nielson/ins_web.html
42. http://www.newspage.com/NEWSPAGE/cgi-bin/walk.cgi/
    NEWSPAGE/info/d16
43. http://www.aiadc.org
44. http://www.insurancefraud.org
45. http://www.insure.com
46. http://www.insweb.com
47. http://www.quicken.co,/insurance
48. http://aicpcu.org
49. http://scic.com
50. http://www.genevaassociation.org
51. http://www.egrie.org
52. http://www.theirm.org
53. http://www.airmic.com
54. http://www.theiia.org
55. http://www.coso.org
56. http://www.bis.org
57. http://www.isda.org
58. http://www.garp.org

59. http://www.iasc.org.uk

台灣的資訊網
60. http://www.rmst.org.tw
61. http://www.rdec.gov.tw
62. http://www.tii.org.tw

附
錄

國家圖書館出版品預行編目資料

超圖解風險管理／宋明哲著. ——初版.——
臺北市：五南圖書出版股份有限公司，
2020.04
面；　公分
ISBN 978-957-763-881-6（平裝）

1.風險管理

494.6　　　　　　　　109001370

1FAG

超圖解風險管理

作　　者— 宋明哲

責任編輯— 紀易慧

文字校對— 黃志誠

內文排版— 張淑貞

內文插畫— 陳貞宇

封面設計— 王麗娟

發 行 人— 楊榮川

總 經 理— 楊士清

總 編 輯— 楊秀麗

副總編輯— 張毓芬

出 版 者— 五南圖書出版股份有限公司

地　　址：106台北市大安區和平東路二段339號4樓

電　　話：(02)2705-5066　　傳　　真：(02)2706-6100

網　　址：https://www.wunan.com.tw

電子郵件：wunan@wunan.com.tw

劃撥帳號：01068953

戶　　名：五南圖書出版股份有限公司

法律顧問　林勝安律師事務所　林勝安律師

出版日期　2020年4月初版一刷
　　　　　2022年10月初版二刷

定　　價　新臺幣380元

經典永恆・名著常在

五十週年的獻禮——經典名著文庫

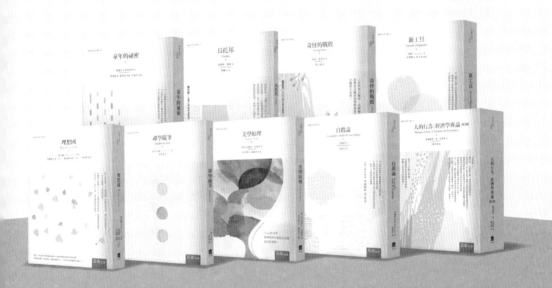

五南，五十年了，半個世紀，人生旅程的一大半，走過來了。

思索著，邁向百年的未來歷程，能為知識界、文化學術界作些什麼？

在速食文化的生態下，有什麼值得讓人雋永品味的？

歷代經典・當今名著，經過時間的洗禮，千錘百鍊，流傳至今，光芒耀人；

不僅使我們能領悟前人的智慧，同時也增深加廣我們思考的深度與視野。

我們決心投入巨資，有計畫的系統梳選，成立「經典名著文庫」，

希望收入古今中外思想性的、充滿睿智與獨見的經典、名著。

這是一項理想性的、永續性的巨大出版工程。

不在意讀者的眾寡，只考慮它的學術價值，力求完整展現先哲思想的軌跡；

為知識界開啟一片智慧之窗，營造一座百花綻放的世界文明公園，

任君遨遊、取菁吸蜜、嘉惠學子！